精英思维课

羊 皮 卷

启文 ◎ 编著

山东画报出版社

图书在版编目（CIP）数据

羊皮卷 / 启文编著 . -- 济南：山东画报出版社，
2020.5
（精英思维课）
ISBN 978-7-5474-3511-3

Ⅰ．①羊⋯ Ⅱ．①启⋯ Ⅲ．①成功心理—通俗读物
Ⅳ．① B848.4-49

中国版本图书馆 CIP 数据核字 (2020) 第 063978 号

羊皮卷
（精英思维课）
启　文 编著

责任编辑　张桐欣
装帧设计　青蓝工作室

主管单位　山东出版传媒股份有限公司
出版发行　山东画报出版社
　　　　　　社　　　址　济南市市中区英雄山路 189 号 B 座　邮编 250002
　　　　　　电　　　话　总编室（0531）82098472
　　　　　　　　　　　　市场部（0531）82098479　82098476（传真）
　　　　　　网　　　址　http://www.hbcbs.com.cn
　　　　　　电子信箱　hbcb@sdpress.com.cn
印　　刷　北京一鑫印务有限责任公司
规　　格　870 毫米 × 1220 毫米　1/32
　　　　　　6 印张　160 千字
版　　次　2020 年 5 月第 1 版
印　　次　2020 年 5 月第 1 次印刷
书　　号　ISBN 978-7-5474-3511-3
定　　价　149.00 元（全 5 册）

前　言

　　奥格·曼狄诺一生历尽坎坷。1925 年，他出生于美国东部一个平民家庭，在 28 岁以前过着平静的生活，完成了正常的教育并成立了家庭。此后，他内心世界发生了剧烈转变，他无法再安于长久以来的平淡生活，开始像一匹脱缰的野马一样毫无理性地瞎撞，酗酒、打架斗殴、夜不归宿……无所不至。最后在一次冲动中，他犯下了不可饶恕的错误，并因此失去了一切——家庭、工作、房子，赤贫如洗一如乞丐。

　　突如其来的变故引起了曼狄诺深切的忏悔和反思，他决心寻找支配人生命运的种种法则，并以此获取人生本应享有的成功、财富和幸福。

　　一次，奥格·曼狄诺到教堂向一位神父忏悔自己的行为，并表达了自己的决心。神父深受感动，给了他许多安慰。临别时，神父递给曼狄诺一张小纸条，并说道："孩子，你要寻找的答案都在里面。"回来后，曼狄诺激动地打开纸条，上面罗列着一些书的名字：《思考致富》《投资自我》《最伟大的力量》《钻石宝地》……

　　曼狄诺如获至宝，他没有钱购买，便搜遍全城所有的图书馆，把这些书借来，每天在固定的时间反复阅读。渐渐地，他心中的迷雾消散了，信心、勇气和力量在他的血液里复苏。他坚信已找到了支配命运的法则，决定立即付诸行动。他曾在第一张羊皮卷中写道：

> 今天，我开始新的生活。今天，我爬出满是失败创
> 伤的老茧。今天，我要用全身心的爱面对世界……

在以后的时间里，曼狄诺从最简单、最底层的工作做起，一步步往上攀登。他做过卖报人、推销员、业务经理……他愈挫愈勇、百折不挠，以强有力的手扼住了命运的咽喉，终于在35岁时他创办了自己的企业——《成功无止境》杂志社，实现了多年的梦想。

1968年，44岁的曼狄诺已功成名就，但他仍然珍藏着当年神父赠给他的那张纸条，正是这张纸条改变了他的命运。为了让更多的人掌握成功的秘诀，他决定将纸条上列出的书辑整理成一册，命名《羊皮卷》公开出版。如今，《羊皮卷》已被译成几十种语言，在全世界广泛发行，产生了极为深刻的影响，被誉为全球成功人士的"启示录"、超越自我极限的"奇书"，人们不分国界、不分地域、不分民族、不分肤色、不分性别、不分年龄、不分学历、不分贫富都在读这本书，从中汲取信心和力量的养分。毫无疑问，《羊皮卷》堪称人类成功史上最为璀璨的明星。

目　录

第一卷
积极思考

"我们自己就是待燃的火把，勇敢地去发掘这股可以创造人生奇迹的力量吧，借助积极思考的力量，你将发现一种全新的思考与生活方式。相信奇迹，你就能创造人生奇迹。"

——［美］诺曼·文森特·皮尔

第一章　创造自己的快乐

谁能主宰你的快乐？答案当然是你自己！

一次，一位知名电视主持人在其节目里特别邀请来了一位古稀老人。此位特约嘉宾年岁甚高，但说话风格是坦荡直白，不加任何雕饰的。在观众眼中他就像一位老顽童，精神抖擞而又快乐无比。在整场谈话过程中，老人不时流露出他特有的天真与机敏。许多次，大家都被他的回答逗得捧腹大笑。观众们都非常喜欢这个鹤发童颜的老人，主持人自然也不例外。现场的每个人都沐浴在一种欢乐的气氛中。

节目最后，主持人讨教老人快乐的秘诀："跟我们讲讲你的秘密吧。"

"没有什么秘密呀，"老人回答道，"我什么秘密武器都没有。我身上有的大家都有，一个鼻子一双眼，你们也是一样。唯一不同的可能就是在每天清晨醒来，我都会给自己两个选择——快乐或者是悲伤，你们猜我怎么做？我选择了快乐，然后快乐自己就跑来了。"

一定会有人觉得老人的解释太过于简单，也可能有人会认为那是因为他不谙世事所以才会让选择变得容易，才能拥有比普通人更多的快乐。但是亚伯拉罕·林肯可以为我们证明事实并非如此。这位伟大的领袖说过：只要脑中想着快乐，人就能变得快乐。同样，悲伤也会借助相同的方法轻而易举掌控你的生活。只要你选择了忧伤，并且一直在潜意识里告诉自己会有不好的事情发生，那么结果一定会是一团糟，你会因此而饱尝苦果。但是，若我们能反其道而行之，事情就会发生逆转。对自己说："一切都会顺利起来，生活是美好的，我选择快乐相伴。"你将会看到愿望成真。

快乐是孩子们的专利。如果一个人在进入中年甚至是老年时还依然能带着一颗童真的心，那么他一定会是一个快乐的人。原始的快乐是自然的恩赐。在任何时候都要保持一颗孩童般纯真的心，因为这样我们才能快乐。所以，永远都不要让自己的心老去，不要再为一些无谓的烦琐之事而浪费活力，不要让自己变得老谋深算。

人其实都是自寻烦恼的生物，当然社会问题之类除外，因为它们不能为个体意志所改变。尽管如此，在很大程度上，我们还是被自我建立的生活态度控制着，感觉快乐或是悲伤成了影响我们生活质量的一大因素。

"4/5 的人本应享受生活带给他们的快乐，可结果事与愿违。"杰出的政治家说过这样的话："大部分人都觉得自己过得并不幸福。"生活中最简单的愿望莫过于"幸福"二字，既然它是人们最希望拥有的状态，那我们就应该努力去做点什么来收获这样的幸福。快乐其实不难寻找，甚至是触手可及的。只要有希望，有信念，有行动，每个人都可以做个快活人。

生活中少不了困难和挫折，但如果仅仅因为这些而将幸福的感觉冲淡，将不快乐的情绪纠结在自己心中，这样的人真是非常可怜。我们无法阻挡困难的出现，却能阻挡不快乐的情绪，将不快乐归结于人生的艰难困苦的人愚蠢至极。

与其重复不断地制造不快，不如花一点时间来学习怎样获得快乐。可以肯定地说，人们从酿造忧愁的情绪开始到最后陷入苦恼之中，这一切完全都是自作自受。我们总会习惯性地去培养一种忧患情绪，比如想着所有的事情都会向最坏的方向发展，我们同样也会去问为什么别人可以不劳而获，而自己不能得到应得的那份。

悲伤很多时候来源于我们自身的情绪。人经常会觉得满是痛苦，希望渺茫，甚至是憎恨整个世界。这个不快的过程通常是由内心深处的恐惧与忧虑激发的。幸运的是，这本书会教我们如何去克服这些消极情绪。在这里花那么长的篇幅来分析悲伤的产生原因，目的只有一个，就是向人们强调，大部分人的不快都是自己造成的。因此，既然人可以自己制造烦恼，也就可以自己制造快乐。

培养快乐的习惯很简单，只需要练习快乐地思考。列出所有让你觉得高兴的事情，然后每天都在脑中将它们放映一遍。一旦发现有忧虑情绪偷偷溜进了你的思绪中，请立刻将它拦截，尽全力把它赶跑，用快乐的心情去取代它。每天清晨起床前，给自己一个在床上放松的机会，让所有快乐的情绪飘进脑子里，让所有希望发生的幸福画面都浮现在你的脑海里。闭上双眼，尽情体味其中的快乐，积极的情绪会带领你将梦想转变为现实。不要假想不幸的发生，若是如此，便真会把不幸带进现实生活。人总有捕风捉影的习惯，事无大小，都会引发情绪上的波动。待到那时，你将会陷入疑问的深渊："为什么所有的不幸都针对我？为什么所有的事情都会变得一团糟糕？"

其实问题的答案很简单，只因为每天你都在用坏心情作生活的起点。

所以从明天开始，试着用下面这个方法来驱赶自己的消极情绪。下床前，大声将这句话朗读 3 遍："这是最有意义、最美好的日子。我们在其中高兴欢喜。"想象着这句话已为你所用，并对自己说"我在其中高兴欢喜"，用充满激情的语调和高亢清楚的声音重复多遍。这是消除消极情绪的最佳方法。如果能每天在早饭前将这句话重复 3 遍，并且细细体会字里行间的意义，那么你将会改变自己的心情，从而改变一整天的走向。

你可以在穿衣、刮胡子或是用早餐的时候，响亮地说出下面的这些话："我坚信接下来的一天会充满奇迹，我相信自己有能力解决所有问题。我感觉自己身体健康，精神奕奕，情绪饱满。能够生活在这个世界上真是件美妙的事情。我感谢所有曾经拥有、现在拥有，以及将来拥有的东西。一切都会变得顺利，因为幸福就在我身边。我感谢自然赐予的一切。"

第二章　消灭消极情绪

很多时候人们感觉生活不易，其实那都是作茧自缚的思想在作祟。人类愤怒与焦躁的情绪经常会在不经意间把自身的力量带走，这本身就是一种极大的资源浪费。

你是否有过"狂怒"或是"焦躁"的经历？如果有，或许你会对下面这幅发怒的场景感到熟悉。发怒的过程包含了一系列的动作，首先你的怒气会在心中聚集，然后升腾到胸口。它就像一股蒸汽不断地向外冒，激烈地运动，搅得人心烦意乱，最后让人变得狂躁不安。"焦躁"也是同样的道理。这样的情况就好像是一个在半夜里生病的小孩，一边哭一边闹。偶然间你听到这哭闹声停止了，不要高兴，它只是在为下一场做准备，而最后你会被折腾得坐立不安，烦躁异常，就如同整个人被穿透了一样。焦躁是幼稚者的行为，但是我们可以在许多成年人的身上看到它的影子。

如果想要生活得充满动力，那么就不要再为一些无谓的事而暴躁或是焦虑，我们应该学会让自己保持平和的心境。想要达到那样的境界，就请依照下面说的方法来做。

首先第一步，我们要尽量减慢生活的步伐，让自己的节奏缓和下来。现代人的生活节奏在不断加快，快到连自己都无法想象，不仅如此，我们还不得不承认这样快的节奏有很大一部分原因是来源于自我施压。太多的人因为过快的生活节奏而将自己的身体推向毁灭的边缘。然而更可悲的是，人们的意志也在这样的过程中被逐渐摧毁，灵魂也随之飘荡。人有可能在意识高度紧张的情况下依旧维持身体的平静，这点甚至对生理有缺陷的人来说也不足为奇。事实上，身体的平静与否完全取决于我们的思想状态。当思想混乱时，各种念头就会在脑袋里横冲直撞，我们的身体状态也会随之进入混乱，这时的人自然就会变得急躁。所以如果我们想要避免各种过度刺激与兴奋的情绪，就请从减慢自己的脚步开始。很多时候，长时间强烈的外界刺激会像毒药一样侵害人的机体，扭曲人的精神。它会耗尽你的精力，让你感觉浑身无力。它会引发你对周围一切事物的不满，会让你为身边的小事而抱怨和愤恨，甚至在面对整个国家和世界的时候也产生相同的感觉。情绪上的不安会对人的生理造成极大的副作用，那么它对我们的内心，对我们称之为灵魂的那部分内在又有怎样的作用呢？

行色匆匆的人总是无法放松他们的精神，但"自然"从不匆忙。它从不为屈就人们的速度而加快自己的脚步。"自然"讲求效率："一味愚蠢地想要向前冲的人们，在你们筋疲力尽前的那一刻我会伸出双手来拯救你们，但如果你们愿意放慢脚步跟着我的节奏前进，那么生活将会因此变得丰裕。"是的，"自然"的脚步平稳而又扎实，慢慢地，一步一步，它将所有的事情都安排得井井有条。聪明的人永远都会与"自然"保持统一，因为伟大的"自然"总是能不紧不慢地处理完一切大小事务。它从不曾慌乱，不曾焦躁。它是平静与效率的化身，它将一样的效率也带给了你。

缓行勿急。只要不带压力和负担，人们总能得到心中想要的，走到理想的彼岸。如果你跟随自然的引导，和着它平缓而坚定的步伐却仍未能实现心中的理想，那么或许你的目标根本就不存在。如果你错过了某些东西，或许那是因为它们本不属于你。所以慢慢培养正确的生活节奏吧，让自己与自然同步。练习并努力维持内心的平静，学习与紧张说再见。在闲暇时间放下手里的一切对自己说："我要丢弃所有的紧张与兴奋——它就此离我远去，我现在重获宁静。"不要再心怀不平，不要再满腹牢骚，让平和的心情与你同在。

　　要想拥有高效率的生活，就要多想些让自己觉得安心的事情。每天我们都需要对自己的身体做些保护措施，比如我们每天都要洗澡、刷牙、做运动。同样的道理，我们也需要给自己的精神世界一点时间，保持自己健康的心态。静坐，在脑子里放映一连串可以抚平心绪的画面，就是一个好办法。举个例子，你可以想象眼前是片高耸入云的群山，是雾霭蒙蒙的山谷；你可以看见日光斑驳的小溪里鲑鱼在自由地游弋，还有银色的月亮倒映在水中。

　　每天 24 小时中至少给自己一次机会，最好是在最忙碌的那一刻，特意停下手中一切事务，就用 10 ～ 15 分钟的时间来做上面所说的事情。

　　有时我们会感觉自己忙得无法刹车。但是请记住，想要让自己停下来，唯一办法就是暂时放下手中的一切。

　　我们还可以使用下面罗列的六大操作技巧来对付愤怒与焦躁。

　　（1）首先第一步，采用自认为最舒适、最放松的姿势坐下，最好可以让自己躺在椅子里面。从脚趾直到头顶，保证自己身体的每一个部分都能得到充分的放松，在口中默念："我的脚趾、我的手指、我的脸……"

　　（2）将你的思想想象成是暴风雨来临前的湖水。风正吹着水面翻起千层浪，但是慢慢地它恢复了平静，最后不翻起一丝浪花。

　　（3）每天花 2 ～ 3 分钟的时间回想你曾经见到过的最美丽、最宁静的画面，比如落日西下时的山峦、清晨宁静幽深的溪谷，还有正午的森林、夜晚泛着涟漪的湖水，将自己再次置身于这些情景中。

（4）缓缓、平静且带有乐感地重复一些能够抚平人心绪的词语，例如宁静、平静、安静（用最平和的心境吐字）。想着这一类的词语，重复多次。

（5）"自然"在我们忧虑、烦躁时总会伸出它的关爱援助之手。回想生命中的这些时刻，想着你是怎样排除万难，抚平受伤的心灵的。

（6）重复下面的话，它会让你的思绪得到沉淀，会让你感觉无比放松："坚心依赖你的，你必保护他十分平安，因为他依靠你。"哪怕只有片刻的空闲，也请你抓住时间重复它们，并且尽可能大声朗诵出来。这样，一天之内你便可以将它重复上好几遍。想象着这些字眼全都拥有生命的活力，它们能够穿越你的思想，停泊在你心灵的某个角落，成为你的治疗师。这是消除紧张情绪的最好方法。

如果你能完全依照上面所讲的内容去做，那么愤怒与焦躁的情绪定会慢慢离你远去。悲伤会被幸福的感觉取代，力量会再次回到体内，自信的光芒也会重新闪耀。

第三章　希望是成功的种子

威廉·詹姆斯——伟大的哲学家曾经说过："信念是理想的守护者，只有坚定的信念才可以帮助人们完成不可能完成的任务。"所以，学会相信是开启成功的第一步。无论你想要做什么，信念都会陪伴你走完全部的旅程。充满希望的人总能够拥有神奇的力量，精神力量的作用会带你走入理想的画面。但是相反，怀疑、没有信心的人就无法集中原本拥有的力量，消极的思想会将胜利的果实推向他方。所以不要怀疑信念的力量，它的力量之大会驱动你将一切梦想化为现实。

信仰、信念以及积极的思考方式，还有对其他人的信任，相信自己，相信生活，这一切都是我们需要努力做到的。相信信念，它会带你翻山越岭，它会将一切美好带回家。

那些没有勇气尝试这种神奇方法的人是不能体会其中的奥妙的，他们只会怀疑。

期待美好结局的人总能得到更好的结果，这是因为他们不再将自己耗费在没有意义的自我怀疑上。当一个人把全部身心都投入所想的事业中去时，他就会所向披靡，因为他将全部的精力都用在了解决问题上。问题可以被人各个击破，因为问题不是完整的统一体，而人则整合了智慧和力量。当问题摆在人的面前时，自然会变得不堪一击。

一个人如果聚集了所有的力量，其中包括物理、精神以及思想的力量时，便会变得异常强大。力量的凝聚可以让人无坚不摧。

我们要做到充满希望，这是说需要将心（也可以是指人的全部思想）完全沉浸到你需要为之奋斗的事业中去。被生活击败的人并不是因为没有能力，而是因为他们缺少全心全意的精神。他们不曾用整颗心去期待成功。没有用心的人是不会全副武装奋力一搏的。成功不喜欢这样的人，它们不会眷顾那些不曾将心奉献出来的人。

想要拥有幸福的生活，那么就要学会培养强烈的愿望。愿望就像是兴奋剂，它释放你的全部能量，并把你整个扔到所要追求的事业和工作中去。换句话说，无论做什么，请倾尽你所有，不留一丝余地。生活不会拒绝一个将一切都付给了它的人。可惜的是，很多朋友都不明白其中的道理，而能真正做到这一点的人则更少。所以在这纷繁的世界里总是弥漫着一股失败的味道，即使没有失败，我们通常也只能享受一半的成功。

著名的加拿大教练员爱丝·珀西瓦尔曾经形容过许多人：无论是运动员还是平常人，都是"保留者"，会为自己留下余地。他们并不将自己 100% 地投入比赛中去，所以结果也从未能发挥出自己的最高水平。

著名棒球赛评述员巴伯曾经说过，他很少见到那种能够将自己的力量发挥到极致的运动员。

我们不应该成为"保留者"，而应全力以赴达成自己的目标，生活不会辜负这样的人。

知名的高空秋千表演者曾经给他的学生上过一堂关于如何表演高空秋千的课。在介绍和解释完所有的技巧之后，他告诉学生最重要的一点就是相信自己的能力。

于是，他领着学生们来到了表演的高台下。高台表演充满了危险性，这点大家都明白。当人真正站在表演台下往上看时，更会免不了产生畏惧心理。有位学生被吓倒了，他僵住了，想象着自己从上面摔下来的样子，他竟然一步都不能动，整个人深深地陷入了恐惧之中。"我不可能做得到，我怎么可能做得到！"他大口喘着气说道。

这时老师来到了他的身边，将手放到他的肩膀上说道："孩子，你可以做到的，我告诉你怎么做。"这位伟大的表演家说了一句最具哲理的话。他说："将你的心先抛过去，身体自然就会跟上来。"

记住这句话，将它写在卡片上放进口袋里，将它压在你的玻璃台板下，或是钉到墙上，又或是粘到你的刮脸镜上。更重要的是，如果你希望自己能够成为一个有所建树的人，那么就将它牢牢记进脑子里。"将你的心先抛过去，身体自然就会跟上来。"记住它，它是你力量的源泉。

心态会直接影响我们的创造力。点燃内心的希望，那么它将载着你驶向理想的彼岸。长期以来，我们都无法对自己的内心说"不"，所以一旦潜意识里有了某个愿望，人就会不遗余力去完成它，这就是所谓的身随心动。"将你的心先抛过去"的意思是说，用你的信念跨过困难，用你的决心跃过障碍，只要你能带着自己的梦想航行，就一定能穿越一切艰险。它告诉我们只要在精神上克服了困难，那么我们的身体也就会跟着前进，我们会在信念的带领下穿过重重障碍，最后走向胜利的巅峰。只要我们想象着胜利而不是失败，就会取得心中所想。心会带着我们走向最后的结果，无论是好是坏，是强是弱，它都是唯一的引领者。爱默生说过："心所想则得其想。"

第四章　永不言败

如果你脑子里还有"失败"这个词语，那你最好赶快把它从你的思想中剔除——将失败考虑得越多就越可能失败。所以，请告诉你自己：我一定会成功！

想要做到这一点，你就得拥有信念，相信你自己。信念是人类最宝贵的品质之一，拥有信念足以让你成为一个直面困难的勇士。届时你会发现一个崭新的自我。你将拥有更多的力量来完成许多从前不可能完成的任务。在告别了消极悲观之后，生活会充满阳光与欢笑。你将获得种种克服困难的神奇能力。到时，无论身处何种境地，你都会坚信：我一定会成功！

人生短暂，匆匆数十年，所谓的烦恼也不过是每个人都要经历和体会的过程。若是能俯瞰人生，你会发现每个人的烦恼其实大同小异，不同的是，有人坚持，有人退却。克服困难的决心并不是人人都有，当你自认为面对绝境准备退缩时，勇敢者却毅然直上。困难就像是一堵墙，虽然高却不代表不能翻越，勇敢者会找寻出路：或飞越或绕行或攀爬，最终总能跨过去。

人的潜意识是个调皮捣蛋的小家伙，它会抓住一切机会对你说："不要相信那玩意儿。"但是请你切记，人的潜意识有时是个彻头彻尾的说谎家。它经常会接收一些错误的信息并且将其反馈给你，比如它会低估你的能力。如果你在自己的潜意识里种下了悲观的种子，那么它会将这种悲观情绪传达给大脑。所以现在请对自己的潜意识说："现在听我说，我相信这一切，并且会永远坚持这样的信仰。"如果你能够将这种积极的思想灌输进潜意识里，那么它就会接受这样一个信念。一方面你通过借助自身的力量来控制思想，另一方面你正在向自己的潜意识讲述一个事实真相。在一段时间以后，你的潜意识会将这种意念传递到你身上。

潜意识会接受各种信息，所以想要让它保持积极乐观的状态，就需要经常排除那些残留在思想中的消极因素，我们把这些信息统称为"消极因子"。这些因子无处不在，就连日常交谈也难免有它的踪影。尽管就单个而言它们的破坏能力不大，但若是累加起来便有不小的威力，它会让人情绪低落，甚至失去活力。虽然它的影响并不剧烈，但请不要忘记"集腋成裘，聚沙成塔"的道理。一旦这些小因子出现在了你的话语中，那就意味着它们已经渗透进了你的思想里。这些小东西会以最快的速度滋生繁衍，在你发现之前，它们已经"发育"成为真正的消极思想。想要消灭它们，最好的办法就是有意识地对自己说一些带积极色彩的词语。这些词语会让你觉得自己精力充沛，最终顺利地完成任务。在积极的情绪带动下你会发现自己原来可以完成许多原本看来不可能完成的任务，这都是精神的力量。

如果你总是被困难击倒，或许跟长久以来的自我定位有关。可能你将自己认定为一个注定一事无成的倒霉蛋，而这样的思想或许已经在你的脑子里扎根了几个星期、几个月，甚至是几年。当人不断强调自己是个无能的弱者时，思想便会自动接受这样一个概念，并在意识逐渐地加固过程中让当事人自己也开始慢慢接受这样一个事实，最后就彻底沦为一个没有用的废人。

但是如果情况逆转，我们一直用积极新鲜的念头来刺激思想，我们的思想态度就会发生倾斜。不断强调，并且重复强调积极的态度，最后你会说服自己的意识，相信自己可以完成不可能完成的任务。一旦你的意识发生转变，那么奇迹就可能会出现，那一刻你将发现自己拥有许多不曾挖掘的能力。

第二卷
思考致富

"著名英国诗人威廉·亨利在他的预言诗中写道：'我自己的命运由我主宰，我的精神支柱是我自己。'他想必是要告知我们：我们是自己命运的主宰、自己精神的支柱，是因为我们拥有掌控我们思想的能力。"

——［美］拿破仑·希尔

第一章 靠欲望致富

法国著名作家巴尔扎克说:"欲望是支配生命的力量和动机,是幻想的刺激剂,是行动的真正意义。"

你的欲望就是你要追求的目标,是你努力刻苦的基本动力。欲望还可以促使梦想变为现实。

欲望是挣取财富的原动力,动力越强,其行动就越有力,行动越有力,实现财富梦想的概率就越大。这些都是成正比的。如果你要获得财富,你就必须让你的欲望变得非常强烈,只有强烈的欲望才能使你奋进。

西方有句谚语说得好:只有想不到的事,没有干不成的事。

只有钟情于金钱,并且钟情再钟情,从心里视财富为命根子,你的财富才会不断增加。

被誉为"日本经营之神"的松下幸之助,从9岁起就开始了学徒生涯,尝尽了各种艰辛。他经过15年的漫长磨砺,于24岁创立自己的公司并开始独立经营。经过数十年的艰苦经营,终于使一个小作坊式的工厂发展成国际性的庞大企业集团。2005年,松下公司的规模在世界500家大企业中名列第31位,而且还曾比这更靠前过。他有一句名言被商人奉为经典:"让我们钟情于金钱吧,这样才会有所作为。"

20世纪70年代的华尔街,人们一提到唐纳德·托马斯·里甘这个人就会胆战心惊。里甘是华尔街股市中的一个经纪大亨,是华尔街一家著名投资公司——美林公司的总裁。他可以使华尔街的股民笑的变哭，哭的变笑，简直是"翻手为云，覆手为雨"。里甘与肯尼迪是同学，他对家财万亿的肯尼迪家族羡慕不已。他暗暗发誓：一定要拥有足够令世人惊叹的金钱。里甘坦言："我喜欢金钱，对我来说，这是我的禀性，也是我的正业。"在许多人手里会变成废纸的股票，在他手里，则会变成自己腰包里的金钱。

只有具有"财富意识"，才能积累财富。赚钱要从"心"开始，要赚大钱成为大富豪，你就不能满足于小富，"小富即安"的心态成就不了大事业，要追求更高的目标，你必须有"野心"。"野心"会使你财路畅通，对于要追求成为巨富的人来说，野心甚为重要。盛田昭夫名字寻常，却是日本电子技术方面的传奇人物。1946年他创办东京通讯工业公司（索尼公司的前身）时，就霸气横溢，他对合伙人说："我们的市场不仅是日本、亚洲，还是全世界。"为了占领美国市场，他制订了一个10年不赢利的计划。当他的艰辛努力获得丰厚的报酬时，他便是第一个实现企业国际化的日本人。

美国钢铁大王安德鲁·卡耐基少年时就立下誓言：我将来一定要成为大富豪。卡耐基没受过什么教育，曾干过锅炉工、记账员、电报业务办事员等最底层的工作，除了机敏和勤奋，卡耐基一无所有。卡耐基的心中有一个梦想，那是他在少年时就立下的誓言：赚钱成富翁。在当时美国动荡及战乱的年代，他的梦想曾被人耻笑，说他是可笑的野心家。但他成功了，他登上美国"钢铁大王"的宝座。

卡耐基或许没有生意人的精明和钻营，但他总是把可以赚钱的机会抓住，这正是成功的野心家所必需的一切。很难想象没有欲望，台湾的王永庆能拥有令人羡慕的财富……欲望不能是空想，它需要破釜沉舟的决心和勇气，也需要坚忍不拔的意志和信念。

王永庆 16 岁时就开起了米店，面对众多的竞争对手，他突发奇想：要是能将风头最劲的日本米店比下去，就算成功了。经过多方努力，他终于实现了愿望。20 世纪 50 年代，王永庆想进军塑胶业，有人劝他，连精通塑胶业的何义都不敢接这个烫手山芋，你凭什么去接？王永庆却想：别人不敢做的事我做成了，岂不美哉！他偏不信这个邪，偏要异想天开。他果真做到了，而且，他的名字成了"财富"的代名词，他的一个"喷嚏"，足以令全台湾的工业界都感冒……王永庆成功的秘诀就在于最大限度地拥有欲望和野心。

以上事例说明，欲望可以转化为实质的对等物，欲望可以衍生财富。

你也许会抱怨说，在未实际达到这一目标之前，你看不到自己的成就和财富，但这正是"炽烈欲望"的魅力所在，如果你真的十分强烈地希望拥有财富，进而使你的这种欲望变成了你坚定的信念，最终你便会真正地得到它。

如果你真正地热爱金钱，并下定决心要致富，那么你也可以成为赚钱高手，当今的时代和我们所面临的国内形势为你提供了充分的可能。

在新千年新世纪里，"新经济"的神话一个又一个地变为现实。只要你有博取财富的野心与欲望，你就能成为富豪中的一员。

第二章　靠暗示致富

　　暗示是一种奇妙的心理现象，暗示又可分为他人暗示与自我暗示两种形式。他人暗示从某种意义上说可以称之为预言，虽然它对致富也有一定的作用，但不及自我暗示的力量大，所以在这里就不详细讲解"他人暗示"，而主要阐述"自我暗示"。

　　自我暗示就是自己对自己的暗示。所有为自我提供的刺激，一旦进入了人的内心世界，都可称之为自我暗示。自我暗示是思想意识与外部行动两者之间沟通的媒介。它还是一种启示，提醒和指令，它会告诉你注意什么、追求什么、致力于什么和怎样行动，因而它能支配影响你的行为。这是每个人都拥有的一个看不见的法宝。

　　自有人类以来，不知有多少思想家、传教士和教育者都一再强调信心与意志的重要性。但他们都没有明确指出：信心与意志是一种心理状态，是一种可以用自我暗示诱导和修炼出来的积极的心理状态。成功始于觉醒，心态决定命运。

　　这是当今时代的伟大发现，是成功心理学的卓越贡献。成功心理、积极心态的核心就是自信主动意识，或者称作积极的自我意识，而自信意识的来源和成果就是经常在心理上进行积极的自我暗示。反之也一样，消极心态、自卑意识，就是经常在心理上进行了消极的自我暗示，所以，心理暗示的不同正是形成不同的意识与心态的根源。常常说心态决定命运，正是以心理暗示决定行为这个事实为依据的。

　　不同的心理暗示，会给你带来不同的情绪和行为。

　　我们多数人的生活境遇，既不是一无所有、一切糟糕，也不是什么都好、事事如意。这种一般的境遇相当于"半杯咖啡"。你面对这半杯咖啡，心里会产生什么念头呢？消极的自我暗示是为少了半杯而不高兴，情绪消沉；而积极的自我暗示是庆幸自己已经获得了半杯咖啡，那就好好享用，因而情绪振作，行动积极。

　　由此可见，心理暗示这个法宝有积极的一面和消极的一面，不同的心理暗示必然会有不同的选择与行为，而不同的选择与行为必然会有不同的结果。有人曾说："一切的成就、一切的财富，都始于一个意念。"我们还可以再说得浅显全面一些：你习惯于在心理上进行什么样的自我暗示，就是你贫与富、成和败的根本原因。因而，我们一直强调，发展积极心态、取得财富的主要途径是：坚持在心理上进行积极的自我暗示，去做那些你想做而又怕做的事情，尤其要把羞于自我表现、害怕与人交际，改变为敢于自我表现、乐于与人交际。

　　如前所述，每个人都带着一个看不见的法宝。这个法宝具有两种不同的作用，这两种不同的力量都很神奇。它会让你鼓起信心和勇气，抓住机遇，采取行动，去获得财富、成就、健康和幸福，也会让你排斥和失去这些极为宝贵的东西。

　　这个法宝的两面就是两种截然不同的心理上的自我暗示，关键就在于你选择哪一面，经常使用哪一面。

　　一个人的心理暗示经常是怎样，他就会真的变成那样。所以，我们要调整好自己的心理情绪，充分利用积极的心理暗示。

　　想要成功的你，要每天不辍地在心中念诵自励的暗示宣言，并牢记成功心法：你要有强烈的成功欲望、无坚不摧的自信心。如果你能将这个成功心法与你的内心融为一体，并使你的精神与行动一致的话，那么一种神奇的宇宙力量，将会替你打开财富之门。

第三章　靠知识致富

知识有两种：一种是一般常识，另一种则是专业知识。一般常识对积累财富并无多大用处。大学教授拥有各种知识，但是他们大多不是顶级富翁，因为他们不具备组织和利用知识的能力。知识本身并不能产生财富，除非你对它加以发挥和利用。很多人都会对"知识就是力量"这句话产生误解，因而他们常常感到困惑。这是因为他们对事实不了解。其实，知识只是一种潜在的力量，只有将知识转化成明确的计划和行动，知识才能成为真正的力量。

现代教育制度的缺陷在于，学生们得到知识之后，并没有学会如何去组织和利用这些知识。那么，要如何运用知识才能获得财富呢？首先你要决定你所需要的专业知识。通常情况下，人生的主要目的和你现在所要达到的目标，将决定你所需要的知识。这个问题解决以后，第二步就要求你对你所依靠的知识有一个正确的认识。其中需要注意的是：

（1）你的教育背景和经验。

（2）与人合作的重要性。

（3）如果有机会的话，尽量进学校学习。

（4）多去图书馆，那里有你需要的几乎所有的东西。

（5）进行专业训练课程的学习。

在获得知识之后，还要将其组织起来，并通过切实可行的计划用以实现既定的目标。要知道，知识如果不被运用，就没有任何实际的价值。

各行各业的成功人士都在不断地获取他们所需要的专业知识，而且从不停止。有些人认为，一旦停止了学校教育，就意味着获取知识过程的完成，因而他们不再去主动获取知识。持有这种想法的人是不会成功的。其实，除了学校教育外，你还可以通过进夜校，或函授学习的方法来获取知识。

知识只要运用得当，就能够转化为财富。

现在让我们来看一个特别的例子。

某杂货店的一名推销员突然发现自己失业了，幸好他有一点记账的经验，所以他就开始选修会计课程，并经营起生意来。从雇用过他的杂货店开始，他相继与百余家小商店签订合同，为他们记账，按月向他们收取极低的费用。他的主意很实用，不久他发现可以在一辆轻型的送货卡车上设立一个流动的办公室，装备最新的记账器。他成功了，他现在已有许多建立在汽车上的会计办公室，雇用了众多的助手，使许多小商店花费少量的钱而获得最佳的服务。

这个独特生意的成功，其主要的组成成分是专业的知识加上想象力。现在，那名推销员每年所付的个人所得税，几乎是杂货店付给他的工资的10倍。

这个成功的生意，是以一个主意为开端的。一个好主意是无价的，而在所有主意背后的支撑就是专业知识。不幸的是，那些未曾发现大量的财富的人，都是因为只有丰富的专业知识，却欠缺创业的好构思。好的构思由想象得之，想象力能把专业知识与现实需求合并为一种有组织的计划，这是产生财富所需要的必备条件。

第四章　靠想象致富

拿破仑·希尔说："想象力是灵魂的工厂，人类所有的成就都是在这里铸造的。"

长期以来，人们认为只有文学家、艺术家们才需要丰富的想象力，却不知道其实我们每一个人都需要想象力。想象力是思想或行动的依据之一。没有谁会忘记罗杰·班尼斯特四分钟跑完一英里的事迹。班尼斯特不相信人体体能不能做到这件事，他用想象的方式在脑中一而再，再而三地放映出自己用四分钟跑完一英里的画面，假想听见并感受到了自己打破这个纪录的感觉，直到自己有了能成功的把握。这个把握是肯定的，如同那些人认为四分钟跑完一英里是不可能的一样。我们可以说，班尼斯特就是靠想象的神奇力量打破了人们认为不可能的纪录。想象具有神奇的力量，它可以帮助你实现致富的愿望。想象力根据功能可分为两种：一种是"综合型想象力"，另一种是"创造想象力"。通过综合型想象力，人们可以把旧有的观念、构想或计划重新组合，推陈出新。

这项能力没有任何创造，它只是将经验、知识和观察作为材料进行加工。它是发明家最常使用的能力，但其中也有一些例外的"天才"。当综合型想象力无法解决问题时，他们会进而利用创造型想象力。

通过创造型想象力，人类的智慧可以无限拓展。"预感"和"灵感"就是通过这种能力获得的。所有的基本构想也正是通过这种能力产生的。这种能力只有在意识高速运转的情况下，才会发生作用，比如用"强烈欲望"刺激意识的时候。创造型想象力在使用过程中越得到开发，就会越敏锐。商界、工业界和金融界的领导人物以及艺术家、诗人和作家之所以伟大，正是因为他们发挥了创造型想象力的作用。

综合型想象力和创造型想象力的灵敏度，都会在不断使用中得以开发，就像人体的肌肉与器官一样，都是越常用越发达。如果你很少使用你的想象力，它就会变得迟钝。如果你经常使用它，它就会很活跃、敏锐。这种能力可能因为长久不用而沉睡起来，但不会真正消失。综合型的想象力是把欲望转化为金钱的比较常用的能力，所以应该首先发展它。想要把无形的欲望和冲动转化为实际的、具体的物质和金钱，必须借助一个或多个计划。这些计划的形成必须依靠想象力，而主要是综合型想象力。

立即开始运用你的想象力，形成一个或多个计划，以实现化欲望为财富的目标。将计划写成文字，写完后，模糊的欲望就具体化了一些。再大声而缓慢地读它。记住，当欲望和计划形成文字时，你就朝着你的目标迈出了重要的第一步。

我们知道，创意是所有财富的出发点，它是想象力的产物。我们来看看几个曾产生巨大财富的著名创意，从而证明想象力在积累财富中的作用。

我们首先来看金莎巧克力的创意广告：广告创意表现在一巨幅海报上，画面显示一盒金莎巧克力中的一颗被取走，海报上被取走巧克力的位置则做出撤去图中一颗巧克力的效果。旁边标题写着"奉告：此乃金莎海报，并非真正巧克力"。效果逼真，令人会心微笑。观众微笑之余，金莎巧克力也就留在了脑海中。

金莎巧克力就是借着这样一些想象力奇特的广告创意，成功地在竞争激烈的香港糖果市场异军突起，迅速占领巧克力第一品牌的地位，从此财源滚滚而来。

"美年达"汽水广告的创意也同样令人拍案叫绝。那是一则卡通广告片，片中一只聪明伶俐的兔子，正拿着一瓶"美年达"在树荫下读书喝汽水。忽然，它看到一只黑鸭子要来偷它的汽水，于是悄悄地在一只瓶子里放上点燃的鞭炮。黑鸭子偷走后，没走多远，只听"轰"的一声巨响，在树荫下的兔子直乐，拿起"美年达"说："喝美年达，当然聪明过人。"电视机前，孩子们也乐倒了一大片，为了聪明过人，闹着要喝"美年达"。

其实，在商战上不仅广告需要创意，产品的设计、推销、经营等无不需要创意。可以说，创意的好坏关系到商家的存亡，好的创意是商家兴旺发达的灵魂。拿破仑·希尔曾经说过："想象力就是人类灵魂的工程师，也是塑造命运的主要工具……通过想象力，幻想与现实可以结合成为工业王国，以至于改变整个人类的文明。"

在商场上，良好的创意被商家奉为至宝。为了推销产品，商家的想象可谓大胆、新奇、绝妙。在日本的大阪，曾经有一家餐馆为牛举行过婚礼。"吃光"餐馆是日本大阪最大的餐馆。它的董事长山田六郎疯了，给牛举行婚礼！"荒唐，太荒唐了，'吃光'餐馆老板居然给牛举行婚礼，不过牛背上的菜倒不错。"

……

诸如此类的评论一时间成了大阪大街小巷谈笑的中心话题，"吃光"餐馆从此也成了成千上万好奇的大阪人光顾的场所。从此，"吃光"餐馆名扬大阪，还有许多外地的食客慕名而来。

可见，只要你有丰富的想象力，就有希望打开财富的大门。

第三卷
投 资 自 我

"愉快让内心及面容保持年轻。成为一个有趣的人，使我们更喜欢自己，也和周遭的人成为更好的朋友。"

——［美］奥里森·马登

第一章　投资说话

每个健谈的人都有自己的主见，都会读书、思考和倾听，因此他们在与人交谈时总是有无穷无尽的话题。

——沃尔特·司各特

说话是一门无与伦比的艺术

查尔斯·威廉·埃利奥特在就任哈佛大学校长一职期间，曾经说过："在对一个淑女或绅士的毕生教育中，我认为只有一种智力开发是必要的，那便是精确而优雅地运用母语进行交流。"

与善于交流相比，再没有哪种个人能力能让我们给别人——特别是那些并不完全了解我们的陌生人——留下一个好的印象。

从不善言语到能说会道，依靠出众的交际能力取悦别人，自如地吸引听众的注意，使他们听得津津有味、意兴盎然——这整个过程将是一段通过努力获取巨大成功的经历、一次凭借自我奋斗脱颖而出的磨炼。健谈不仅能使陌生人对你产生好的印象，还能为你赢得友谊。它将为你敲开一扇扇心灵之门，使你在这样那样的小团体里面引起大家的注意；在你不名一文时，健谈将助你在社会上迅速攀升，不断为你揽来客源；等你小有成就后，健谈还能为你跻身上流社会铺路筑桥。能说会道的人都深谙以有趣的方式叙述各类事件的艺术，他能够娴熟地驾驭语言，迅速激发听众的好奇心。与那些其他能力相差无几、唯独口才略逊一筹的人相比，这类人显然拥有巨大的优势。

不论你在任何其他艺术领域的成就有多大，都不可能在每一处都娴熟自如地运用自身的专业知识和经验与他人进行很好的交谈。如果你是一位音乐家，不论你多么有天赋，或是耗费多少时间来完善自己的技艺，不论你付出多少心血，终其一生，恐怕仍只有极其少数的人能欣赏到你的音乐。

或许你是一位杰出的歌手，曾周游世界却苦于没有展示才华的机会，甚至自身所学无人问津。但是，不论你身在何地，处于何种社会，也不论到达人生的哪一站，有一点总是不变的：你得开口说话。

或许你是一名画家，多年来一直追随许多艺术大师。然而，除非你技艺超群，有能力让自己的作品悬挂在著名的艺术沙龙或画廊的墙壁之上，否则你的所有心血恐怕都将付诸东流。但是，倘若你懂得交流的艺术，那么，每一个和你打过交道的人都会看到一幅关于你的人生画卷。这幅作品才是你自幼年学语时起，至今仍在倾力绘制的巨作。任何一位欣赏过这幅作品的人都能判别出，作者究竟是一位艺术大师，还是一个只知信笔涂鸦的笨拙学徒。

事实上，你也许做出过很多伟大成就，甚至拥有一所富丽堂皇的豪宅或是一笔巨额资产，而这些并不为人所知。但是，如能善于言辞，那么，任何与你交往过的人都将被你的才华和魅力深深打动。

一位在社交界获得成功的著名女政治家常常这样建议自己的门生："多交谈，经常地交流。至于交谈些什么，并不重要，但你一定要保持心情的愉快和放松。只要做到这一点，你谈及的任何话题都不至于使别人觉得尴尬和无聊，即便与你交谈的是一位渴望别人献殷勤的少女，也不会产生那样的感觉。"

事实上，她的提议非常实用。学习说话技巧的诀窍恰恰在于多与人交谈。对于那些不习惯社交场合、缺乏自信以及在社交场合苦于无法融入别人交谈之中的人来说，这无疑是一种打开自我心门的最好办法。

健谈者永远都是社会的宠儿。每个人都希望邀请某某夫人参加自己举行的宴会，仅仅因为她擅长交际。她总是那么善于取悦大家。也许她有很多缺点，但人们仍然欣赏她的交际能力，这是因为：她是那么能说会道。

倘若哪位教育家能努力将交际变为一门课程，那么它将成为一把威力无穷的开拓利器。但是，任何缺乏思想的谈话，任何不愿尽力去尝试以一种清晰、简练、有效的方式表达自我的谈话，都将成为某种喋喋不休的胡扯瞎聊，充其量不过是寻常的街谈巷议。自然，这些闲话都无助于人们发现那些埋藏于心灵深处的美好事物。它们被掩藏得如此之深，一般的表面功夫岂可发掘得到？

学习演讲，推销自己的最好方式

曾几何时，语言的艺术已达到一个远远高出当代的水平。今日语言艺术的衰落应归咎于在现代文明环境下的彻底变革。以前的人们除了演讲，几乎没有别的方式来交流彼此的思想。各种知识完全依赖口头的交谈才得以传播。当时的社会既没有发行量巨大的日报或杂志，也没有任何形式的期刊。

随后，人类陆续勘测到珍贵矿床中蕴藏的巨大财富，并利用无数的发明和发现敲开了一扇通往新世界的大门，还有种种伟大抱负所产生的巨大推动力——所有这些都在一同改变我们的语言。在这个"闪电般表达"的时代里，在这些热火朝天的年代中，当所有人都热衷于攫取财富和争夺权位时，我们已经无法停下手中忙碌的工作，我们不再做出深刻的反思，更没有闲心提高我们的语言能力；在如今这个报纸和期刊大行其道的年代，当所有人只需花上几个美分便可收集过去需要数千美元才能得到的新闻和信息时，人们要做的只是坐下来，埋头于一张晨报、一本书或是一份杂志中。人们不再需要和从前一样，通过口头交谈进行信息的交流。

出于同样的原因，讲演术正成为一门日渐衰微的艺术。印刷成本之低廉，使得最贫穷的家庭也只需花上数美元便可获得中世纪时王公贵族们才能负担得起的读物。

如今，想发现一个优雅而有教养的健谈之人已经非常困难。甚至，能听到有人用当年华美的措辞说几句高雅精致的英语，都已是一种奢侈。

然而，阅读好书，不仅能开阔眼界和传播全新的理念，更能增加一个人的词汇量——这对于提高交际能力能起到极大的辅助作用。许多人都拥有不错的想法和主见，但囿于贫乏的词汇量，他们不能将其明确地表述出来。他们缺乏足够的辞藻来修饰自己的想法，也无法使其变得更具吸引力。他们不断地重复表达，不断在原地绕圈圈。每当他们想用一个特别的词汇来确切地表达某一意思时，总是绞尽脑汁，到头来仍然一无所获。

如果你渴望成为一个善于交谈的人，首先必须尽力跻身于那些接受过良好教育的、有修养的上流人士的社交圈。如果你总是故步自封，和这些群体相隔离，那么，即便你顺利从大学毕业，恐怕也永远不能成为一个健谈者。

当你在表达时，如果发现自己的想法转瞬即逝，如果发现自己因为词不达意而结结巴巴，你要相信，即便接连遭遇失败，只要能坚持下来，那么，你付出的每一分努力都会改善自己的谈吐方式，使其变得越发流畅。值得注意的是，不论是谁，只要能坚持不断地练习，便会以出人意料的速度征服天赋的笨拙，改变羞涩的个性，最终达到谈吐从容、娓娓道来的境界。

我们经常看到形形色色的身处困境的人，他们失败，仅仅是因为他们并未掌握语言的艺术，不会将内心的想法以一种生动有趣的方式加以表达。我们经常能在公众聚会上遇见很多饱识之士。每当大家一起讨论一些重大问题时，他们总是静静地坐在那里，始终保持沉默。而实际上，他们远比那些借如簧之舌获得大家追捧的人要见多识广。

一般而言，很多能力超群、学识渊博的人在公众场合中总是沉默寡言，另外一些人虽然不如他们聪明，却能很好地吸引在场人士的注意。其原因很简单：他们尽管才学不高，却能够生动地表述自己知晓的事情。倘若这些有识之士碰巧在上述场合遇到熟人，会感到非常耻辱和尴尬。因为在那样的场合，他们竟然一言不发，不对其中某个话题发表任何睿智的意见。而光在我们的首都，就生活着成百上千位这一类所谓才学不高的人，他们中有许多人一夜之间便成了我们这个社会的政治精英。

很多人——特别是那些学者——似乎都认为生命的真谛在于尽可能多地获得有价值的信息以武装自己的头脑。但是，学会用一种沁人心脾的方式与人交流，展示自己的学识，或许和汲取知识同样重要。也许你是一位学者，有着极高的学术造诣，通晓历史和政治；也许你在科学、文学、艺术等领域闻名遐迩，但是，如果只是独享自己的才识而不与人交流，那么你终究无法登堂入室，更进一步。

这种"上锁"的能力也许会给个人以满足感，但是，一个人的能力有展现的需要，而且尤其应该以一种引人注目的方式予以表达，进而得到整个社会的认可、欣赏和信赖。这就像一颗外表粗糙的钻石，不管它多么有价值，都不重要。我们无须过多解释和描绘它内在的稀有和珍贵，它的巨大价值总会有所体现；然而，在被打磨、抛光以前，在光线射入其内部，发出多年来一直隐藏的夺目光辉以前，没有人会赞赏它的美轮美奂。谈吐之于个人，就好比切割、抛光的加工过程之于这颗钻石一般。打磨和雕琢本身不能给钻石增添任何价值，却可以彰显出钻石的内涵。

可怜天下父母，有多少能够在放任成长中的孩子对说话这门绝妙艺术的忽略或漠视之余，意识到这样做的危害！在大多数家庭里，父母听任孩子肆意糟蹋语言的现象，简直触目惊心。

没有什么方式能比坚持优雅、睿智和生动地聊天更能锤炼孩子心智和性格的了。坚持用清晰的语言和明快的风格表达自己的想法是非常好的训练。在我们眼中，那些能言善辩的人都是如此优秀，以至于没人会相信，事实上他们受教育程度并不一定很高。而现实是：许多大学毕业生面对这些甚至高中都没有念过，但一直努力修炼语言的人时总是抬不起头来，只能沉默不语，面有羞色。

现行的教育系统不过是在数年的时间里，每天花费区区几个小时来教育和培养学生的；然而，说话是一门终身的学问，很多人在这门学科的修习中获得了自己整个教育过程中最有价值的那部分。

我们在说话的过程中，发现自己的各种潜力，意识到人生中尚未开启的各种机遇和资源。语言具有启迪思维的惊人功效。如果我们善于交谈，擅长取悦别人，牢牢地吸引住他人的注意力，我们便会更多地想到我们自己。这种反思的力量将大大提高我们的自尊和自信。

在全身心投入向别人表达自我、展示自我以前，没人会知道自己到底拥有多大的潜能。直到这样做之后，整个人的灵感才豁然开朗，变得才华横溢起来。每个健谈之人都能从听众身上感受到自己之前不曾领略的力量，而这股力量往往能激起新的灵感，让人抖擞精神，全力以赴。思维的碰撞和心灵的沟通都能催生新的力量，仿佛化学反应之中两种物质化合产生新物质一般。

若想成为受欢迎的发言者，首先应学会做一个好听众。这意味着一个人必须首先学会自我控制，善于接受他人的观点。

我们不仅自己谈吐笨拙，由于缺乏耐心，我们甚至连合格的听众都算不上。我们无法静下心来，兴致勃勃地陶醉在演讲者带来的故事或新闻之中。恰恰相反，我们总是因为对讲话的人缺乏尊敬而无法保持安静。我们四处张望，将怀表盖弄得噼啪作响，用手指在椅子或桌子上不停地叩击，我们坐立不安，仿佛无聊之至，急于离场，我们甚至在别人结束发言之前便打断其讲话。事实上，我们总是那么功利，以至于除了抓紧时间相互推搡着涌向内心所企盼的权势和金钱之外，我们几乎无事可做。生活永远处于一种狂热和不安分的状态之中，哪里还有时间去培养言谈的风度和措辞的文雅呢？"我们太紧张、太认真，名言警句和巧言善辩的才学我们可学不来，再说也没有工夫。"

第二章　获得美的力量

最好的教育，是将一切美好的事物及其所能呈现的
完美形式都展现在受教育者眼前，使其在肉体和灵魂上
都能获得美的享受。

——柏拉图

美是最好的教育

当野蛮人侵入希腊后，他们亵渎希腊的神庙，摧毁众多完美
的艺术作品。尽管如此，他们仍然在某种程度上为风行全希腊的
美感所折服。诚然，他们破坏了希腊那些精美的雕像，但其间蕴
含的美的精神拒绝衰亡，反而改造了这些野蛮入侵者的内心，唤
醒了他们灵魂深处那股沉睡的力量。表面上看，逝去的是希腊时
代的艺术，但罗马时代的艺术从前者的驱壳中诞生。"能为伍尔坎
（Vulcan，罗马神话中的火与锻冶之神）锻造铁器的库克罗普斯
（Cyclops，希腊神话中的独眼巨人）即使获得再生，也无力阻挠伯
里克利（Pericles，雅典政治家）——这位为整个希腊铸造理想的
伟人——的前进步伐。"野蛮人手中用来摧毁希腊雕像的棍棒，终
究比不上菲迪亚斯（Phidias，雅典雕刻家）和普拉克西特列斯
（Praxiteles，雅典大理石雕刻家）手中的凿子。

在罗马人征服希腊，将其艺术珍宝运回罗马城之前，整个意大利半岛几乎不存在任何艺术作品。事实上，正是那些名作——《马头》《法尔内塞公牛》《农牧神》《垂死的高卢人》《拔刺的男孩》等，成为光辉璀璨的罗马文明之艺术成就的奠基石。这些作品第一次唤醒了罗马人心中沉睡的艺术天赋和审美观。

"最好的教育是什么样的？"数千年前，曾有人问过柏拉图（Plato，古希腊哲学家）这样的问题。哲学家的回答是："最好的教育，是将一切美好的事物及其所能呈现的完美形式都展现在受教育者眼前，使其在肉体和灵魂上都能获得美的享受。"

人的一生理应是圆满、甜蜜、健康和繁荣的。若想拥有舒适和精彩的人生，我们首先要做的，便是拥有一颗热爱一切美好事物的心灵。

人是杂食性动物，不论在心智上还是体格上，其健康成长都有赖于从各式各样的食物中广泛摄取营养。不论哪种元素在食谱中被省略，人的生命都会表现出相应的损失、遗漏和缺陷。忽略精神食粮和物质食粮中的任一种，都不可能成长为一个完整意义上的人。我们不能只知补养身体，却忽视灵魂忍受饥饿的折磨；同样，我们也不能只注重灵魂的滋养，却让我们自己挨饿。如果对其中任何一方面有所偏废，我们都不必再指望成为一个既身强体壮又心智健全的完整的人。

当孩子们得不到足够且适宜的食物时，当他们被夺去一切头脑、神经和肌肉的滋养品时，由于缺乏均衡的营养，他们的成长发育必将出现相应的缺陷并由此而失去平衡。

比如说，如果孩子不能从食物中获取足够的钙，那么他将无法发育出强壮而坚固的骨骼。孩子的骨架将十分脆弱，骨质松软，很容易患上佝偻病；如果他的饮食中缺乏氮元素或生肌物质，其肌肉组织便会松垮无力。

正如孩子发育中的身体需要广泛摄取各种营养才能使自己更加强壮和健美一样，人类也需要各种精神上的食粮来滋养自己的心灵，使其变得坚强、积极而健康。

我们的祖国地大物博、资源丰富，这极大地刺激了整个民族对于财富的强烈欲望。这种欲望之强大，使得我们在获取高度发达的物质财富的过程中，很可能要付出更为高昂的代价。

仅仅只把精力花在体力和智力的训练上是不够的。如果一个人的感悟——对一切自然界和艺术领域之中蕴藏的美的欣赏和感悟——不能得到发展，生命就好似一个死气沉沉的国家，没有鸟语花香，也没有色彩和音乐。这样的国家或许很强大，但它缺乏天赐的仁慈和恩惠去修饰自己的力量，也无法使其更有吸引力。

如果想成为一个眼界更为广阔的人，就不能满足于在自己那片小林地里的辛勤耕种，而应该走出去，开拓林外更辽阔的大地。对于任何形式的商业利润或物质利益的追逐，只能给人性的发展提供非常狭小的空间，而且通常会是人性中自私和粗俗的一面。

当一个人不懂得发现和欣赏身边的美好事物，当他面对一幅伟大的艺术作品无动于衷，当他表情木然地目睹夕阳西下的美景时，可以想见他的人性必定是不健全的。

野蛮人不懂得欣赏美。即使他们对饰物爱不释手，也无法证明他们的审美才华有所提升。他们只不过是顺应自己的动物性本能和激情罢了。

但是随着文明的进步，人们的欲望在膨胀，各种需求在积聚，人类自身的才能不断增强，直到文明发展出最高的表现形式，我们才发现自身对于那些美好而高度发展的事物是有着多么强烈的渴望和热爱。

已故哈佛大学教授查尔斯·埃利奥特·诺顿，这位同时代杰出的教育家，曾经认为美在人类最高尚本性的形成过程中起到了极大的作用。而一个社会是否称得上文明，完全可以根据其建筑、雕塑和绘画领域的造诣做出评价。

从小就开始投资美

对于培养孩子对美的热爱和敏感这一重要责任，家长们总是缺乏足够的耐心。他们没有意识到：家中的一切事物，从相片到墙纸，都会对他们的成长产生影响，在他们幼小而敏感的心灵上打下烙印。家长们不应该错过任何让孩子欣赏艺术作品的机会，他们应该经常为孩子诵读名家的诗歌或散文。这些都将给孩子的心中灌输美好的思想，使他们的灵魂接受世界上一切伟大而神圣的思想和感情的熏陶。而这些也将感动天真的孩子，塑造他们性格，为他们毕生的幸福和成功打下基础。

每颗心灵对美的敏感都是与生俱来的，但这种追求美好的本能需要借助眼睛和耳朵来获得培养，否则便会退化甚至消逝。不论是那些在贫民窟长大的小孩，还是那些有钱人家的子弟，他们心中对于美的强烈渴望都一样。"穷人对于食物的饥饿感，"雅各布·A.里斯（Jacob·A.Riss，美国新闻记者、社会改革家）这样说道，"远不如他们对美的饥渴感和需求强烈，也不如后者那么难以获得满足。"

里斯先生时常从自己位于长岛的家中带上一些鲜花，前往纽约摩尔布里大街去看望那里的"穷人"。"可它们从没到过那里，"他说，"每次走到距离渡口不到半个街区的地方时，我会被一伙孩子拦截，他们不时发出怪叫声，吵着要我手中的花，扬言除非我给他们一束，否则不准我再往前走一步。而每次当他们得手之后，便小心翼翼地握着花溜之大吉，跑到一个安全的地方，幸灾乐祸地欣赏自己的战利品。后来，他们甚至把一些大大小小的婴孩也拉入伙。当这些婴孩看到我手中这些金灿灿的花朵时，他们的眼睛发出光彩，瞪得又大又圆。我隐隐约约地感觉到，他们在以前或许从未见过这么美的花。看起来，越是那些年纪小的、贫困的小孩，便越渴望得到这些花，所以每次我的花都给了他们。在这样的情形下，谁还会忍心拒绝呢？"

"直到那一刻，我才更深刻地体会到，那些贫苦的人心中有另一种渴求，这种渴求要比报纸上报道的有关他们身体遭受的饥饿更严重，也更强烈，这渴求正是他们心中闪耀的善良天性。理想 ——天性中这团熠熠生辉的神圣火花，能将他们从任何罪恶中解脱出来。正是因为心中的这份理想，他们的灵魂才能得到净化。当这些孩子哭喊着向我索要花束时，他们正以自己所能实现的唯一方式告诉我们：如果我们漠视这些贫民窟的孩子精神上的贫困，任由他们在那片本该鲜花盛开，而现实中充斥着肮脏、丑恶、泥泞的地方生活和成长，那只能表明，我们自己的精神世界同样一贫如洗。不论男女老少，若没有了灵魂和理想，也许还照样生活，照样成长，但作为一个社会的成员，一个母亲，他（她）对于整个国家、整个民族就没有任何价值。岁月蹉跎，等到年华老去，他们留给这个世界的，将只剩下如贫民窟那般黑暗的污渍。"

"所以，时至今日当我们拥入贫民窟去为穷人们建造房屋，当我们教会贫穷的母亲们装饰那些屋子，当我们将苦难的孩子送进幼稚园，当我们在学校里挂上艺术大师们的画作，当我们为他们建造明亮的教室和崭新的公共建筑，在那些曾经阴暗污秽的地方种满花草，当我们教那里的孩子们跳舞、游戏，让他们乐在其中时……那是多么美好的景象啊！我们努力地清除污迹，以解除自己身上背负的债务。比起任何社会甚至整个国家长期以来所背负的债务来，这笔因为对公民责任感的缺失而负下的心灵之债，恐怕会令我们的双肩更沉重。我们除了不停为自己可悲的冷漠和忽视偿还巨额的债务，再也没有任何退路。"

尊敬的富人们啊，你们可知道，在纽约的贫民窟里还生活着无数贫困的孩子。假如有一天，当这些孩子们走进你们的起居室，当他们面对其中华丽的油画和昂贵的家私瞠目结舌、不知所措时，你们能否意识到，自己心中对美好和高雅的敏感早已为物欲和贪念所扼杀，你们已经永远无法像他们一样，感知身边的美景了。

世界充满了美好，但我们多数人并不曾拥有对这些美好的洞察力。我们看不见身边的这些美，因为我们的眼睛没有接受过专门的美的训练，我们对美的感知力没有得到开发。我们就像那位站立在透纳（Turner，英国画家）身边的女士，面对他那幅著名的风景作品，惊愕地呼喊："哎呀，透纳先生，我在生活中怎么就看不到您作品里所描绘的那种美啊？"

"可您不是希望自己能看到它们吗，夫人？"画家这样回答她。

想一想，由于对金钱疯狂而自私的追逐，我们已将多少珍贵的乐趣挡在了生活的大门之外。难道你不希望领略透纳在风景画中所看到的大自然的奇迹，不希望感受罗斯金（Ruskin）在夕阳西下时的感受？你不希望往自己的人生里注入更多的美好吗？相反，难道你希望因为对世俗的名利无休止的追求和对他人的自私无情的索取，而让你的天性变得粗鄙不堪、萎靡不振，让你的美感丧失判断力？

那些接受过美感教育的人是幸运的。他们从此拥有了一笔无法剥夺的宝贵遗产。而这遗产的继承者，便是那些从小便煞费苦心，培养高尚的灵魂和爱美之心的人。

第三章 投资社交：
帮你完成很多金钱不能完成的事情

善于迎合他人的能力是一笔能助你取得成功的巨额财富。它能帮你完成很多金钱所不能完成的事情，而且常常能为你带来金钱所不能换取的资产。

学会社交礼仪，提升个人价值

切斯特菲尔德君主认为，令人愉快的技巧既是最优秀的天赋，又是一种极强的社交能力。倘若你想受人欢迎，就必须表现出能受人欢迎的姿态，更重要的是，你必须是个有趣的人。如果别人对你不感兴趣，那么他们就会避开你。相反，如果你乐观积极、和善可亲而且乐于助人，如果你能一直保持这种积极的处世态度，人们自然都乐于和你交往，而不是试图回避你。毋庸置疑，你会变得越来越受人欢迎。

吸引人的最好方式，是让别人觉察到你对他们很感兴趣。切不可抱着有所图的想法去做这件事情，而是要真正感兴趣，否则你的诡计很快就会被发现。

如果你试图避开某些人，一定会希望他们也能避开你；只知道一味谈论自己和自己的成就的人，人们会渐渐对其敬而远之。

　　换言之，这种人并没能做到取悦他人。人心往往是这样：总希望他人以自己为中心，对自己的事感兴趣。

　　如果你总是趾高气扬，对别人的所作所为吹毛求疵的话，那么毫无疑问，你的形象在自己雇员或者其他人心目中一定不怎么受欢迎。人们都喜欢面对笑脸，这和我们总是向往阳光明媚的地方，而尽量远离阴霾一样。

　　许多人都认为，大部分的繁文缛节仅仅只是做作。就好像只认可天然的钻石是真正的钻石一样，他们也认为，如果一个人内心真诚，又有男子气概，并且能够实事求是，那么不管他的外表是多么笨拙和粗鄙，他都会受人尊敬并获得成功。

　　某种程度上而言，这种观点非常正确。同样的道理，天然钻石才是真正的钻石。可是即使天然钻石本身的价值再高，也没人愿意佩戴它——也许它价值连城，然而，在经过精雕细琢之前，它又能得到谁的赏识呢？对大多数人而言，由于缺乏专业的眼光，他们甚至不能将这颗钻石与普通的鹅卵石分辨开来。钻石的价值和美丽取决于耀眼华美的切面，而只有经过切割和加工，它们的光泽才有可能展现在世人面前。

　　由此可见：也许一个人身上有很多闪光点，但是当这些优点为其粗鲁笨拙的形象所掩盖时，那么，纵使他有再高的内在价值，也无法得到体现。除了那些少之又少、独具慧眼的伯乐之外，又有谁能够发现他的潜质呢？对于具有"天然钻石"般素质的人而言，教育和社交上的学习与训练就像是一系列精雕细琢的钻石加工过程。倘若他能吸取文化中的精粹，学会举止文雅，努力培养自己的人格魅力的话，他的价值将得到千倍的提升。

发现他人优点

如果有机会和那些能发现我们身上闪光点的伯乐进行交流，对我们来说，恐怕远远不只是获得了一个赚钱的机会——它将大大增强我们的能力，陶冶出更高尚的情操。

请注意，那些只知轻视他人、找人缺陷，或是含沙射影、好为人师之人，永远都是危险的动物。他们根本就不值得信任。贬损他人思想的行为是何其狭隘，何其刻板，何其不健康！他们根本看不到他人身上的闪光点；即便侥幸看到，也无法正确认识，因为他们心中只有妒忌的念头，不能容忍别人得到赞扬。如果别人拥有无可否认的优点，他们会因为嫉妒而想方设法将其优点最小化，他们会通过恶意假设、强烈抨击或是其他途径对他人的优秀品质大加质疑。

如果一个人宽宏大量、思想健康，便能迅速发现他人身上的优点，相比之下，心胸狭隘、喜好在背后贬损他人的人，只会一味挑剔别人的错误，吹毛求疵。任何美丽而真实的东西都不能进入他们的视野。这种人以诋毁和打击他人为乐，从没想过要去赞扬或激励他人。

只要听到有人在贬低他人，你就应该马上警惕起来，告诫自己不要和这种人交往，除非你能帮他改过。如果有人当着你的面取笑别人的失败，千万不要在这类人面前得意忘形、自吹自擂，否则只要机会降临，他便会用同样的方式来对待你。这种人切不可深交。真正的朋友应是相互支持的，而不是拖人后腿，更不会在背后揭人短处或诋毁中伤。

人类文明最伟大的成果之一，在于大多数个体。尽管他们存在这样那样的缺陷，但始终能坦然接受自身的缺陷，从不会因此而悲观厌世。只有慷慨大方、富于爱心的人才会真正喜好这样的文明；也只有那些宽宏大量、宅心仁厚的人才会对他人的缺陷视而不见，时刻只想着去放大他人的优点。

我们总是固执地、无意识地凭偏见看待他人。当看到你的朋友或熟人的各种优秀品质时，你往往倾向于夸大这些品质。而如果你看到其他人的刻薄吝啬、粗俗卑劣的一面，你不会想要帮他们改正缺点。因为在你心中，他们的品性已经定型，无可救药了。但是，如果能在他人身上看到高尚的品格和远大的志向，你就应该帮助他们不断挖掘这些品质，直到他们将那些卑劣的、不值得尊重的地方从性格中排除。

事实上，人与人之间这种无意识的相互作用几乎无时无刻不在发生，它们在很大程度上对个人的成长起到阻碍或促进的作用。

训练说话的嗓音

说话的语音语调和一个人是否受欢迎以及社交成功与否有很大关系。悦耳的嗓音标志着一个人的教养和文化程度——对此，没有什么事物比嗓音更具有代表性了。

托马斯·温特沃思·希金森说："如果把我和很多人一起关进一间黑暗的屋子，那么，光凭他们的嗓音我就能判断出其中有哪些人比较温顺。"

既然一个人的嗓音是如此关键，那么，如果我们的孩子在家里和学校没有得到相关的培训，难道不是一种羞耻，甚至是一种罪过吗？倘若你看到一个前程似锦的孩子虽然接受了良好教育，却粗俗无礼，话语咄咄逼人，嗓音极不友善且带着鼻音——这难道不令人遗憾吗？这些缺点将成为他整个人生旅途上的一大障碍。再想想吧，如果是一个女孩子，那后果将会有多严重？

但是，美国的一些学校发现：尽管学校已教会学生如何去追求美好的生活并传授他们数学、科学、艺术以及文学等各个学科的知识，但是他们仍然以一种生硬的语言与人交谈，他们的嗓音依旧粗声粗气，令人反感。

许多接受过高等教育、才华横溢的年轻女人，嗓音却仍然尖锐刺耳、粗鄙不堪，以致稍微敏感一些的人根本不愿和她们交谈。

事实上，经过适当地控制和调节，嗓音是可以变得非常动听的。听着那些吐词清楚、清脆动人的声音，就像聆听一件绝妙的乐器在演奏，简直是一种享受！

一副纯净柔和、训练有素的嗓音可以反映一个人的文化素养，而抑扬顿挫的嗓音则更加迷人——如果你有一副这样的好嗓子，如果你的发音和吐词都无可挑剔，如果你言为心声，那么，对于大多数人，尤其对于女性朋友来说，那将是多么宝贵和神圣的一笔财富！

第四章
我有一笔巨大的人生财富——朋友

啊，友谊！在一切最稀罕的事物之中，它最优秀，因而也是最值得珍贵的。当我们遭遇不幸时，朋友的抚慰总是那么温馨；而当我们飞黄腾达之时，他们的忠告也总是会带来吉兆。

朋友是一笔巨大的人生财富

"我有一个朋友！"这世上还有什么能比拥有温馨、忠诚的益友更美妙的事情吗？财富的多寡丝毫不会影响他们的忠诚。相形之下，每当我们身处逆境时，反而更能体会到珍贵的友情。

在美国内战爆发的年月，当人们讨论各位总统竞选人的资格时，曾有人这样评价林肯："除了身边的一大堆朋友，林肯一无所有。"确实，林肯当时十分潦倒。在被选入州立法机关后，为了让自己在公众场合显得体面些，他只好借钱添置了一套西装，甚至步行百里去出席会议。甚至在当选总统后，为了把家搬到首府华盛顿，他仍须四处举债。这些都是史实，但这位伟人在友谊上的富有和慷慨是多么了不起！

朋友是一笔优良的资产，他们志趣相投，彼此间有默契，他们相互扶助，同甘共苦。还有什么能比这种为忠于友谊而奉献更高尚、更美好的呢？如果没有那些富于才干、始终如一地热心协助和支持他的朋友，那么，纵有过人的才智，西奥多·罗斯福亦不可能取得如此伟大的成绩。如果没有那些忠诚的朋友，特别是他在哈佛大学求学期间结识的那一帮好友，那么，他能否成功当选美国总统都难说。不论是在参选纽约州州长，还是在后来竞选美国总统，成百的同学和校友始终在为他尽力奔波。他在"莽骑兵团"时所结识的朋友，后来帮助他在西部区和南部区拉到了成千上万的投票。

想一想，如果拥有一批总是记挂着我们的、意气相投的朋友，如果他们始终甘心为我们奉献，时时刻刻替我们着想，这意味着什么呢？当我们不在场时，他们总是为我们说话；当我们需要支持时，他们便挺身而出。他们尽力阻止任何对我们的诽谤和中伤，消除人们的偏见；当我们因为失误而犯错误，或者在某些场合因为愚蠢的举动造成很坏的影响时，他们会设法让我们重新走上正轨，敦促我们积极向上，并且始终在身边支持我们！

如果没有朋友，我们之中将有多少人遭遇生活的不幸！当我们面对这世间的种种苦难与悲惨时，若不是他们替我们挡风遮雨，不是他们温馨的安慰和援助，我们中的大多数人的名誉又将受到怎样的诋毁和伤害！若不是那些为我们带来顾客、客户和生意，尽心替我们张罗一切的朋友，我们之中有多少人将会在经济上陷入困境！

啊，对于我们的弱点和短处、我们的坏脾气，对于我们所遭受的挫折与失败，朋友是一笔多么及时的恩惠！

当你看到一个朋友试图默默地替你掩饰各种弱点和伤疤，保护自己免遭各种苛刻无情的批评，同时却热情地宣传你的各项美德时，还有什么事情能比这更美好的呢？我们总是忍不住对这样的朋友心生敬意，因为我们知道：只有他们，才算得上真正的朋友。

　　在这个世界上，还有什么能比朋友带来的帮助更高尚的呢？但是，我们当中又有多少人能够领悟这一点，懂得珍惜友情，爱护朋友们的名誉呢？我们对别人的每一次评价，都可能会在相当程度上影响到他一生的成败。对于他人以往的丑闻，如果我们鲁莽地流传开来，很可能会给他人造成终生的伤害。

　　曾经有个人对一个故友——一个已经失去自尊和自制，已经丧失理智的人——伸出了援助之手。啊！这才是真正的朋友！即使在我们自暴自弃之时，他们也从不言弃，而是始终如一地支持着我们！对一个因为酗酒和恶习而被亲人逐出家门的男人，他的一个朋友仍然支持他，甚至在这个男人被父母和妻儿放弃之时，这个朋友依旧忠诚地守护在他的身旁。当他在夜晚出去买醉时，这个朋友总是跟随着他，多次在他醉得不省人事、摇摇晃晃时搀扶他回家，防止他冻死在路上。除此之外，还数次去贫民窟寻找他，使他免遭警察的拘捕，为他挡风遮雨。这种伟大的友爱和奉献最终挽回了这个堕落的男人，使他重新回到家中，过上有尊严的生活。这种奉献的价值，又岂是金钱所能衡量的。

　　啊，朋友对于我们的人生是多么重要！有多少坚强而忠诚的友谊让我们远离绝望，使我们鼓起勇气去追逐成功！多少打算自杀的男女被那些爱着他们的朋友挽回了生命！又有多少人宁可自己忍受折磨也不愿玷污自己的朋友，或是让他们失望！朋友们的援助之手，或者一句富于同情心的友好话语所带来的鼓舞，改变了多少人的人生啊！

　　许多人怀着为那些关爱、信任、尊重自己的朋友两肋插刀的心态，甘愿忍受各种艰难困苦，因为他们知道，如果没有朋友，他们将丧失生活的勇气，变的轻言放弃。

　　朋友之间的信赖和忠诚是驱策你奋进的永动机。在我们遭受别人的误会与谴责时，只有朋友能坚信我们的清白，并始终激励我们要尽力而为！

西德尼·史密斯（Sydney Smith, 1771—1845，英国国教牧师，《爱丁堡评论》的创办人）曾经说过："友情将为生命之旅灌注勃勃生机。爱人和被人爱是人生最大的幸福。"

对于个人而言，还有什么能像有大批朋友一样，可以作为自我投资的本钱呢？若不是通过朋友的鼓励帮助渡过难关，今日的那些成功人士，恐怕有很多已经在昨天人生的关键时刻放弃努力了。设想一下，如果抛开朋友们对自己的一次次付出，我们的人生会是多么空虚和贫乏！

如果你已经开始自己的职业生涯，那么，你的朋友将会给你坚定的支持，为你带来客户、顾客。因此有人曾说："命运是由友谊决定的。"

如果仔细分析那些功成名就者的人生，我们会发现，他们的成功秘诀如此有趣和有益。

不少人的成功，至少有 20% 是因为他们在结识朋友方面的非凡能力。早在孩提时代，他们在这方面的才能便不断得到培养，他们的魅力使得朋友们忠实而热诚地围绕在身边，乐意为他们做任何事情。

踏入社会，开始职业生涯时，曾经在学校建立的友谊给他们带来了巨大的帮助：这些友情不仅为他们的事业打开了无数扇非凡的机遇之窗，还帮助他们声名远播。

换言之，在无数次帮助朋友的过程中，他们的才干得到了锻炼和积累。他们似乎拥有一种特别的天赋，不论自己做什么，都能唤起朋友们的极大兴趣，并赢得他们衷心而热诚的支持。

人们大多不愿意给予朋友应有的信任。很多成功人士都把取得的各种成绩完全归因于自己的超强能力。他们总是对过去的成就自吹自擂。

他们认为，自己之所以能够成功，不过是依靠自己与生俱来的聪敏、睿智和进取心而已。他们没有意识到，事实上是自己的朋友们时时刻刻在不辞辛劳、不问回报地帮助着他们。

科尔顿说过："真正的友谊就像健康一样，只有当你失去它时，才会明白它的价值。"

利益之交不可靠

有一种新的友谊正变得越来越流行，这就是"生意伙伴"。这种类型的友谊意味着金钱上的利益，而正因为这样一种自私和利己的动机，使得这种时髦的友谊类型充满着危机。它之所以危险，就在于它是如此逼真，以至于我们很难在生意伙伴中辨别出真正的朋友。

有这样一个人，在建立真正的友谊方面，他没有任何天分，然而为了自己的生意，他仍然很努力地和自己的生意伙伴培养友情，而这种所谓"友情"的目的，不过是为了给自己的前途提供方便。他看起来对每个人都很友善。与他初次接触的任何一个人都会认为自己交到了一个真正的朋友。但事实上，他只不过是在这些初次见面的场合对那些日后可能帮助自己的人大献殷勤而已。

想要和这种始终戴着一副利己的眼镜看世界的人交朋友，实在有些困难。在纽约城这座大都市里，生活着很多这样的人，他们的职业便是将友谊变为一种交易，从中牟取私利。他们身上有一股有如磁石般的独特魅力，能够快速而有力地将周围的人吸引到自己周围。但事实上，他们自始至终都在编织着一张网。等到牺牲者发现这张网的那一刻，他才明白自己已经深陷其中，无法自拔了。

一个人所能做的最可鄙的事情之一，便是将别人当作自己向上攀爬的阶梯，而在自己爬到目的地之后，便无情地将梯子踢倒。这种人不断地和他人建立友谊，只不过是因为这样的友谊能够给他们带来回报，为他们带来名利和权位，带来更多的客户、顾客。然而，这样的一种交友方式，是非常危险的，因为它将扼杀真正的友谊。

能够拥有几个关爱我们，为我们着想的真正的朋友，将是多么令人高兴和有趣的一件事情！作为朋友，他们不会和自己有利益上的冲突，他们总是在我们有难的时候为我们付出时间、金钱和感情。

只有那些甘愿为别人付出的人，才能得到真正的朋友。他们或许并不富有，毕竟他没有将自己的所有时间都用来挣钱。但是，难道你宁可获得一笔更多的钱，也不愿拥有几个像他们一样，始终信任你，在你有难时坚定支持你的可靠的挚友？还有什么能比拥有许多忠诚的好友更能让生活变得丰富而有意义的呢？

也许很多人会将友谊视为一个单方面的事情。他们喜爱自己的朋友，希望这些朋友能经常来看望自己，但是，他们很少有过"投桃报李"的想法，也不愿意为了保持友谊而费心尽力。然而事实是，友谊的真谛恰恰在于互惠互助。

第五章　自我教育——阅读

书本是通向心灵的窗户。

——H.W. 比彻

挑选适合自己的图书

"沉溺于图书馆中。"这是奥利弗·温德尔·霍姆斯用来形容自己童年时代经常做的事情。聪明的学生从学校生涯里学到的最重要的知识就是熟悉各种知识类别的书本。从图书馆中挑选出那些对生活最有帮助的书本，这种能力具有最大的价值。这就如同一个人挑选工具去获取知识和提供社会服务一样。

耶鲁大学校长哈德利曾经说过："在现实生活中的各个阶层的人，经商的人、运输业的人，或者制造业的人告诉过我说，他们真正想从学校得到的是：能够拥有挑选书本的能力，从而有效地使用书本。而这种知识的获取首先最好是在任何房间里都提供一些优秀的书本。"

图书馆不再是一种奢侈品，而是一种必需品，一个没有书本、期刊、报纸的家庭就如同没有窗户的房子。孩子们徜徉于书本之中学习阅读，他们在触摸书本时就会不知不觉地吸取知识。

现在几乎每个家庭都能够给孩子们提供一个良好的阅读环境。

据说，亨利克雷的母亲用她在浴池工作挣得的钱供他买书。

如果能给孩子提供诸如字典、百科全书、历史类和工作实务类，以及其他各种有价值的书籍，那么他们会不知不觉地接受教育——这并不需要付出很高的代价，并且还可以让他们学到与自身年龄相符的很多知识，否则这段时间就会被浪费掉；如果让孩子在学校、研究所或者学院学习的话，可能需要花费相当于这些书本价格 10 倍的金钱。

除此之外，如果家中收藏有好的书籍，那么整个房间都会因而蓬荜生辉，对孩子们产生吸引力，他们愿意待在这个令人非常愉快的地方；而那些被忽视了教育的孩子急着逃出家门，随波逐流，落入各式各样的陷阱和危险之中。

把孩子引入书籍的氛围中去是很好的，应该允许他们经常地使用书本、触摸书本，让他们熟悉书籍的封面和标题。一个聪明的孩子能够从好的书本里面吸取非常多的养分，这是非常神奇的事情。

很多人从来不在书本上做标记，从来不在页码上折出痕迹或者在选好的一个段落下画线。他们的藏书室永远和刚建成那天一样干净，而他们的头脑，也永远只能接收单纯的信息。请大胆地在书上做标记。亲手做出的笔记是最有价值的。一个从小就喜爱读书的人，其读书时的效率会在成长过程中不断增加。勤俭节约是一种美德，日常生活中穿旧的衣服和有补丁的鞋子一点也不羞耻，但是，有些书必须购买，最好不要节省。如果无法让自己的孩子接受学校教育，你不妨让他们接触到一些好的书本，这会让他们从所处的环境中脱颖而出——因为读书增加了他们的责任心和荣誉感。

培养阅读品位，拒绝有害图书

有些书应该精读，这是一种明智的选择，因为这些书都是我们通过阅读进行自学的基础。

当阅读的范围受到限制时，最好选择那些已经被前人翻旧的书籍——它们将对你大有裨益，因为它们已历经一代接一代的读者的考验。如果你只能选几本书，请选择那些享誉世界的经典著作。我们能够很容易找到这些书——甚至在一个很小的公共图书馆里就能找到。

我们必须遵循一条极其重要的规则：如果你不喜欢某本书，那就不要去阅读。为他人所喜爱的书，不一定就适合你。图书目录只是为你提供一些建议；当你很重视图书目录时，你将会被它所约束。应该多选择自己真正感兴趣的书。

你是否想过，自己想找寻的东西同样也在寻找着你；这就是相互吸引的特殊法则。

如果一个人品位比较低俗，总是追随错误的潮流，那么他大可不必费尽心思去寻找这些粗俗堕落的书；按照上述相互吸引的特殊法则，这些书会自动找上门来。

一个人的读书品位与他对食物的好恶非常相似。我们应该避免阅读那些无聊而空洞的书籍，远离它们，就像拒绝吃令人厌恶的食物一样。而有些人喜欢阅读这种书，也很喜欢这类食物。每个读者最终都能做出自己的选择，找到自己喜爱的书，而这些书也会主动找到他。任何一个认真的读者都宁可选择少数几本自己喜爱的书，而不是追随潮流，看那些不适合自己的书。某个人认为的最好的书，别人不一定就觉得好；或者，在别人眼中只有一些是好书。

又有谁能意识到，家庭的藏书中也隐藏着"毒蛇"呢？它们会毒害孩子的思想，改变他们的个性，使他们的纯真一去不返。

卡莱尔曾把书分成绵羊和山羊。这种划分方法恰到好处。

今日那些身陷囹圄的罪犯，倘能在年少时读一些好书，那么，恐怕他们中的绝大多数会走上一条截然不同的人生之路——这是极有可能的。我们应该多读那些能够振奋精神、有益心智的好书，远离那些"毒书"。

有这样一个故事：克拉克在一座大城市里见到四处张贴着醒目的告示："所有男孩都应该读一读关于西部平原上的暴徒兄弟的传奇经历——他们成功地进行了抢劫和谋杀，这些奇特的、毛骨悚然的冒险经历是前人所不能相比的。定价 5 美分。"次日早晨，克拉克在报纸上读到："7 名男孩因入室行窃而被捕，该盗窃团伙洗劫了 4 间商铺。其中的一个头目只有 10 岁大。"追踪报道发现，每个孩子都在前一天花了 5 美分去买那些唆使他们犯罪的书。《落基山脉的恐怖杀手——红眼迪克》以及类似的一些书曾经毁掉了多少青年的一生啊。一本诱人堕落的书要么会毁掉你的理想，要么就让你生活在堕落之中。在你还没有看过这本"毒书"之前，书里的一切内容似乎都是甜蜜、美好而有益的。但是，在读过之后，你的人生会被颠覆。它会引诱你对那些被禁止的事产生更多的欲望，直到对一切美好、纯洁和健康的事物失去兴趣。这些疯狂的作品只会腐化你的精神，让你在人生的各个禁区铤而走险，将所有的公正和道义弃之不顾。

一个小伙子曾经得到一本充斥着粗鄙不堪的文字和插图的书，到手不久他便递给自己同伴传阅。后来，此人在教堂里担任一个很高的职务。数年之后他告诉朋友：如果能回到过去，他宁愿用自己的一半所得来消除那本书的毒害。

这些轻浮庸俗的故事书不但不能给人带来道德上的教育，还深深地毒害年轻人的思想。这就像那些大脑麻木的吸毒者，他们的大脑由于受到连续不断的精神消遣而变得彻底腐化。这时他们已经对污垢熟视无睹，对生活中那些健康的一面视而不见。他们对生活的理想和抱负已经被彻底改变。他们唯一的乐趣就是阅读那些堕落的、不健康的文学作品，从而沉迷于兴奋的幻想之中。

如果我们沉迷在轻佻和肤浅之中，那么我们原本健康的思想将迅速受到毒害。如果书本不能真正地反映生活，对家庭没有任何帮助，没有任何纯粹或健康的哲学的话，那么即便它们还算不上真正的邪恶，也能激发你的欲望，让你累积病态的好奇心，这样它们就会在很短的时间内毁掉你最美好的思想。它们会想尽办法毁灭你的理想，毁掉你对阅读的所有好的体验。

在阅读时，我们常常会在不知不觉间吸入致命的"毒药"，或者也能获得指引我们积极向上的鼓励和灵感。隐藏在书本里面的"毒药"是极其危险的，因为它是如此善于伪装：从表面上，邪恶的事物都有美好的外表。虽然书中看似没有任何粗俗的单词，但是它们隐藏着邪恶的思想。

作者写作时，他的头脑里隐含着敏感的动机，他的思想也遍及全书，影响着与此相关的一切。你应该阅读那些能让自己积极向上的书，它们能够激励你成为更优秀的男人或女人，为世界贡献出属于你们的力量。

要多多阅读那些能催促我们自我反思的书，以及能让你变得更自信，也更信赖他人的书。要当心那些能够动摇信心的书。当你阅读这些具有建设性意义的书本时，它们就是建设者；不过你要避免把它们的思想拆散。要小心这些作家：他们会逐渐侵蚀你对男人的信念和对女性的尊重，动摇你对家庭的神圣信念，嘲笑你的宗教信仰，并逐渐破坏你对道德义务和责任的意识。

我们经常翻看并且评价最高的书本，能够更好地显示出我们的品位和雄心。倘能仔细观察和分析某人的阅读习惯，即使陌生人也能为此人写出一本非常好的传记。

读书，读书，读所有能看到的书。但是不要去读一本坏书或者一本乏味的书。生命是很短暂的，时间就更为宝贵，所以要把它们用到阅读最好的著作上面。

那些让你读后不思进取的书，是有百害而无一利的。

勤于思考，把知识转化为自身的力量

书本里的知识绝不仅局限于文字表面。通过阅读，你可以从字里行间得到某种启发——这才是其真正的价值所在。假如你并不是真的想要读书，假如你的阅读动机并不是对知识的渴求和对广阔深奥的文明的渴望，那么你永远不可能从书中得到很多收获。但是，如果你干枯的心灵能从作者的思想里汲取养分，就如同炎热的土壤吸收水分一样，此时你身上的潜力会像土壤中微生物和种子一样，能够萌芽并产生新的生命。如果你像大卫·麦考利、托马斯·卡莱尔、亚伯拉罕·林肯一样博览群书——像每个伟人一样把整个身心都投入所读的书本之中——你会高度集中注意力，你会沉迷于书本之中而把身边所有的事情都忘掉，通过阅读你将受益匪浅。

约翰·洛克说过："阅读只能给我们提供知识，而思考则能把知识化为己有，为己所用。"

任何一个读者若想从书中汲取更多的知识，首先就必须学会思考。光掌握书本知识是不够的，因为这还不能让我们的心灵获得力量。

如果我们的头脑中装满的只是那些毫无实用价值的知识，就会像一个房间里堆满家具和古董一样——我们将没有空间再装进其他东西了。

我们吃下的食物，如果在没有被完全消化和吸收并化为血液中的营养物质，并转化为大脑或其他组织的一部分之前，是不会产生能量或形成细胞组织的。同样道理，只有在大脑消化和吸收了所学的知识，并将其转化为思想的一部分之后，知识才会转变为力量。

如果你想成为一个智者，那么在全神贯注地阅读书本之后，应该养成良好的习惯：经常合上书本坐下来思考，或者站起来边走边思索——不论哪种方式都好，但一定要开动脑筋。沉思，斟酌，反复地琢磨，不断地回想书中的内容。

知识只有被吸收到头脑里，然后运用到日常生活当中之后，才能真正成为你自己的知识。当你第一次阅读时，它只是属于作者的。只有当它和你融为一体时，它才会是你的。

很多人都对读书有这样一种看法：如果他们永远都保持阅读的习惯，只要一有空闲就去看书，那么就一定能接受到全面而良好的教育——这其实是个误解。这就如同指望靠多吃饭就能成为运动员一样。思考比阅读更有必要。每次阅读后进行思考，就好像食物的消化和吸收过程一样，能够源源不断地为大脑输送力量。

最愚笨的傻瓜，正是那些只知一天到晚死读书，却思想僵化，从来不去思考的人。即便有片刻的悠闲时间，他们也会马上拿出一本书来读。换句话说，他们在不停地"进食"知识，却食而不化，没有能力将其消化或吸收。

每天他们书本、杂志或者报纸几乎从不离手，他们总是在阅读，在家里、在汽车里、在火车站，他们对知识有着极度的热情，虽然他们这样也获得了很多知识，但是由于受这种持久的填鸭式方法的影响，他们的思维能力好像有所减弱。

每个读者都应该把约翰·弥尔顿的话谨记于脑海中：

"对于那些坚持阅读的人而言，阅读并不会给他们带来更高层次的精神和判断，不确定性和未决定性仍然存在；书籍具有深刻的内涵，而读者往往是浅薄的；书本中各类或纯朴或迷人的琐事，就如同孩子们在海滩上拾到的漂亮的鹅卵石一样，值得我们去提取精华。"

挤出时间，坚持阅读

对于自己喜爱的事物，我们大部分人都会想方设法地挤出时间。如果一个人渴求获得知识，如果一个人想要完善自我，如果一个人享受着阅读所带来的快乐，那么他就能找到各种机会。

只要有赚钱的意愿，你就会拥有财富；只要拥有雄心壮志，你就能挤出时间。

我们不仅需要做出决定，而且也要下定决心，将那些无关紧要的、仅仅只是享乐和安逸的事情先搁置起来，转身去追求最重要的、于我们自身发展有益的事情。生活中常常会出现各种诱惑，你很可能因为贪图一时的安逸而牺牲明天的美好；我们只知享受安逸和快乐，把时间浪费在闲谈或琐碎的会谈中，却将花在阅读上的时间一减再减，一推再推。

　　只有那些有能力将自己的本职工作安排好，合理地计划自己时间的人，才能成就世界上最伟大的事情。那些曾在人类历史长河中留下深刻烙印的伟人，他们都懂得时间的珍贵，认为它是不断汲取知识的前提。

　　当你想感受一种令人愉快的消遣方式，去培养一种新的乐趣时，你将体验一种从来不曾经历过的感觉，它可以通过阅读优秀的期刊来获得，但是每天都要有规律地阅读。不要一开始就试图阅读过多，那样会使自己很快地疲惫。每次只阅读数页即可，但是一定要每天坚持。如果你确定自己很快就能享受阅读的乐趣——养成阅读习惯，它就会迅速给你带来极大的满足感和真正的乐趣。

第四卷
最伟大的力量

"不计其数的人都在艰难困苦中无奈地度过自己的一生，唯一的原因就是他们没有意识到自己具有的最伟大的力量。"

——［美］马丁·科尔

第一章　选择需要发现

发现你最伟大的力量

你有一种伟大而令人为之震惊的力量。一旦你充分且恰当地运用了这种力量，它带给你的将是自信而非胆怯，是宁静而非混杂，是处之泰然而非束手无策，是心灵的平静而非痛苦。

这种力量的存在，一旦你意识到了，并着手活用它，将会使你的整个人生得以改变，并使它演变成你所喜欢的样子。于是，一种原本满是忧伤的生活就能够变得充满欢乐，失败也将变为一种幸运，胆怯能够转变为自信，绝望的生活也会变得趣味盎然。

这种伟大的力量，有多少次被我们触摸到了却没有辨认出来；这种伟大的力量，有多少次被我们握在手中却又丢掉了。其原因仅仅是我们没有认出它，没有看到它能带给我们的各种利益，没看到它万能的、可造就的影响。它就在我们眼前，我们需要做的就是去认知它，去运用它。它就在这里，我们每个人都能够运用它。

这种伟大的力量到底是什么呢？在向你阐明这一问题之前，先给你讲述一个发生在非洲的故事：一位探险家来到非洲的荒野之中，他随身带了一些小饰品，作为给当地土著居民的礼物。途中，他把两面镜子分别放在两棵树上，然后和他的随从们一起坐下来休息，谈论一些关于探险的事情。这时，探险家发现，有一个土著人正手执长矛向镜子走来，当他望见镜子里自己的影子，便挥矛朝镜子刺去，仿佛镜子里的影子是他的敌人一样。结果很显然，这面镜子被他击碎了。这时，探险家走到土著人身边，询问他为什么要打碎镜子。这个土著人竟然理直气壮地说："既然他要杀我，我就要先下手杀掉他。"于是，探险家向他解释说，镜子里的人并不会杀他，并带他来到第二面镜子前。他对土著人说："你看，镜子的用途在于，通过它你能看到自己的头发是否梳直了，自己脸上油彩的多少是否合适，自己的胸部有多强壮、肌肉有多发达。"土著人一脸茫然地点着头。

数以万计的人都是如此，他们每个人的情形都和这个土著人不相上下。他们一生与生活抗争，在生命的任何一个转折点上，都认为将有一场战斗，而情况也的确如此。他们估计会有敌人，而且果真与敌人撞了个正着。他们预计会困难重重，也的确是事事不尽如人意。"假如不这样发展，它就会那样发展，总之，必定会有什么发生"，对于千千万万没有认识到这种伟大力量的人而言，事情的过去、现在、未来都是一个样。这是因为这种伟大的力量是潜伏着的、秘密的。数以万计的人一直过着平常、困苦的生活，其原因是他们没有意识到自己具有一种伟大的力量，更谈不上使用它。你是敌不过生活的。你曾尝试过与它抗争，数以万计的人也曾这样做过，而结果是，你们都败得很惨。那么，答案究竟是什么呢？那就是我们必须在生活中充分理解生活。当然，前提是我们要充分利用生活，做出正确的选择。

我们每个人都能够运用它，并且并不需要什么特殊的训练和教育。因为它并不是一种必须具备特殊天资才能成功运用的能力，也不是一种极小部分人特有的能力。利用它，你无须任何财产或者权威。它是一种每个人与生俱来的能力，无论你贫穷也好富有也好，成功也好失败也好，你都具有这种能力。这种能力我们认识得越早，踏上正轨并坚持走下去得就越快。相对地，从此走上正轨并坚持走下去的人越多，在另外一些人心中萌生的希望也就越大。随之，他们也会按照这种健康的生活方式生活下去。

很多人都没有注意到，当他们来到一家鞋店时，他们可以选择买一双黑色的鞋，也可以选择买一双棕色的；当他们来到一家服装店时，他们可以要一件浅色的外套，也可以要一件深色的；当他们听收音机时，他们可以把频率调到这个台，也可以调到那个台；当他们走进冰激凌店时，他们可以吃一个巧克力脆皮，也可以喝一杯凤梨汁；当他们想看电影时，他们可以选择去附近的一家电影院，也可以选择去闹市中心的电影院。是的，只要你做出某一选择，其结果就确实是这样，当你准备买一辆小轿车时，你可以选择某一个特殊牌子的车，也可以选择其他某个牌子的车。换言之，选择的力量，即是一个人所具有的最伟大的力量。

第二章　选择的重要性

选择决定人生

在人生的航程中，你必须有这样的选择：你是任别人摆布还是坚定地自强；是总要别人推着你走，还是驾驭自己的命运，控制自己的情感。

政治因素、社会因素、经济因素、心理因素、伦理道德因素、法律因素，还有文化和哲学因素……统统都纠结、交错在一起，共同参与、决定一个重大的选择点。

每个重大的选择，无一例外都是上述诸因素的合力结果。一次选择即是一次一个人的人生价值观念的大暴露。不仅是意识层的暴露，更是潜意识层的暴露，因为潜在动力更具有决定作用。

人的本质是通过他（她）所选择、追求的对象充分显示出来的。你选择什么、追求什么，你的本质就是什么。这是一点也不含糊的，灵敏度极高、准确率极高的"指示剂"。选择伴随我们的一生，也决定了我们一生的成败和优劣。选择仿佛是我们的身影，仿佛是竖立在我们人生曲折道路上的一块块路标。

人生哲学研究表明，出身不是很重要，因为它是偶然发生的、非选择性的。人生的真正起点是主动选择。唯有主动选择才能有你的"自我"，有你"自我表现"的机会，你才能成为你自己的主体。

　　贝多芬就公开藐视家庭出身，高度赞美选择。在他看来，公爵成为显赫人物，仅仅是出身这一纯偶然因素造成的，而贝多芬之所以成为贝多芬，全在于他自己的选择，全在于他自己的坚强意志、奋斗和努力。

　　在我们一生中，几次关键性的、决定我们一生成败和优劣的选择集中表现在事业和爱情上。所谓的选择，即命运的选择、事业和爱情的选择。

　　在我们的一生中，事业的选择并不是一次性的，并不是一锤定音的。第一次选择当然最重要。它一般发生在高中毕业的时候。当你既酷爱钢琴又迷恋于物理学，在报考音乐系和物理系之间做决定性选择的时候，你一定深感痛苦。因为你两样都爱，都想把它们抓住不放，决不甘心放弃其中一样。最好的选择方案可能是读物理系，把钢琴作为业余爱好，成为你终生快乐、安慰的源泉。即便是进了大学物理系，也会面临着选择。比如在理论物理和实验物理之间进行选择。也许，最富有戏剧性的选择是当你读到三年级的时候，你突然对诗歌和小说创作产生了极大兴趣。这种兴趣竟超越了物理学。这次在文学和物理学之间开始了新的选择，这时需要极大的勇气，因为你要抗拒来自外界的强烈舆论和环境的压力。

　　听从你内在的声音吧，新的选择会使你不断"发现自己"。

　　人生的一大悲哀莫过于让别人替自己选择。那岂不成了被人操纵的机器。掌握自己的命运，要靠自己正确的选择。只有成功地选择，才能造就成功的人生，似乎已成为人生一条不成文的真理。

　　抓住人生选择的关键时期——青年时期，一个人今后从事哪种职业，会走什么样的道路，多半在这期间即已确定。当然，也有例外。但无论如何，一个人在青年时期所做的选择，尤其是内心的选择，无疑将影响其终身。选择是自由的，也是痛苦的。对那些聪明能干、具有多种潜能的人来说，目标不明，举棋不定的痛苦尤为深刻、强烈；选择须是明确的、果敢有力的。心理上稍有怯懦就会给今后的人生道路留下难以扫除的障碍，而一旦克服了这种软弱，也许会对将来的发展有意想不到的影响。这方面，率先打破音乐与绘画界限的德国表现主义画家克利，可以算是个很有意思的典型。

克利（1879—1940）出生于欧洲的花园之国瑞士。他的父母都是音乐老师。克利从小就喜欢音乐、绘画和文学。他的天赋很好，具有多方面的艺术才能。11岁时，克利就被特邀参加巴赫作品的演奏，成了颇有名气的小提琴手。克利在音乐上的发展，明显比他在其他艺术领域要顺当得多、快得多。然而，没有想到的是，他对绘画的爱好像着了魔一般。克利想，音乐的伟大时代已经过去了，绘画才刚刚开始，新的艺术语言将首先从现代绘画中产生。克利不肯放弃绘画。18岁时，也就是在他大学预科班学习的那段时间，克利在诗歌创作方面又显露了他出众的才华。对他来说，要成为一名领衔的诗人或作家是完全有可能的。丰富的艺术才华对克利来说可能太多了，在选择的时候，克利感到惶惑、痛苦，不知如何是好。

克利并不是缺乏主见和勇气的人。他一边学习音乐，一边一刻不停地钻研绘画艺术。预科班结束后，克利不顾家人的反对进了慕尼黑美术学院学习绘画。他怀着满腔热情去探索沟通音乐与绘画的途径。克利发现，音乐与绘画，前者诉诸听觉，后者诉诸视觉，差异太大了，根本就没有沟通的可能。而德国的古典音乐和惊人的德国现代绘画之间几乎没有什么一致的地方。克利感到困惑不解。

　　大学毕业后，克利感到精神上无法解脱，便离开了德国，去意大利旅游。他想从现实中逃避，安静地考虑一下。在意大利，他不断反省，觉得自己还和音乐有缘分。这个想法对他来说是个安慰。回国后，克利抛开了绘画，投身于音乐之中，他先后担任了波恩和苏黎世管弦乐团的首席小提琴手，在音乐上获得了一系列成功。27岁那年，他娶了一位音乐家做妻子。在音乐这条路上，克利一切都很顺利。他的道路看来已经铸定了，不可能再改变了。然而，就在他的音乐生涯走向黄金时代的时刻，就在他要彻底告别画坛的时刻，就在他的音乐事务最繁忙的那些日子里，克利忽然看见了眼前的一点亮光，看到了音乐与绘画的连接点。克利首先发现：声音是音乐的基本元素，色彩是绘画的基本元素。声音与色彩，表面上是风马牛不相及的，而本质是一致的。

　　克利断然中止了他的音乐生涯，全心全意地投入了音乐与绘画的理论研究中。他进一步发现，音乐与绘画在节奏上是相通的。绘画的色彩中有明显的音乐性，而音乐的声响中也有绘画的色彩感，绘画的音乐性表现在绘画色彩的节奏上，音乐的色彩感也是通过音乐的节奏表现出来的。节奏是克利终于抓到的沟通两门艺术的第一个关节点。他开始深入研究塞尚和康定斯基的绘画理论，开始构建一种崭新的绘画语言。他看到了音乐与绘画融合的光明前景，于是重新拿起画笔，开始了极富诗意和音乐性的、纯净的绘画创作。经过十多年的摸索，克利终于找到了一条独特的艺术创造道路，开拓了现代绘画的世界，成为表现主义绘画的经典。

　　你看，选择的力量结出了奇异的艺术花朵。我们每个人的人生都会面临很多次选择，好好把握你的人生吧，抓住选择的有利时机，你的生命就会因此而开出美丽的花朵，结出丰硕的果实。

第三章　选择你的财富

财富源于选择

　　没有人不渴望拥有财富，谁都渴望有朝一日可以对自己说："现在，我再也不用为没钱担心了。"于是，人们就设计了很多的计划与方案，试图用各种不同的方式发家致富，但这些努力最终都没有换来成功。最后，他们全都丧失了信心，开始相信自己根本没有那种能力，不可能坐到那个令人羡慕甚至嫉妒的位置上。而问题就在于，他们虽然尝试了各种各样的方法，但就是没有尝试改变自己的思维——而改变思维是通向成功的唯一途径，此外别无他法。

　　100多年前，有个聪明的人熟知蒸汽机的广泛用途。他也看到密歇根州的小麦和牧草白白地烂在地里。于是，蒸汽和磨面机械被他有机地结合起来。机器声依然像以往那样隆隆地吼叫着，运转着，可是这一回它使得密歇根州开始向饥饿的纽约和英国提供面粉。厚厚的煤层自洪荒以来一直被埋在地底下，直到有人用镐头和绞车把它从地下挖出来。从此它作为一种可以转移的气候，把赤道的热量送往拉布拉多和极地，于是我们称它为"黑钻石"，因为每一筐煤炭都蕴藏着能量和文明。自从瓦特和史蒂文森发现每半盎司煤炭即可把两吨货物牵引1英里后，以煤运煤的火车和轮船很快就使高纬度的加拿大变得像加尔各答一样温暖宜人，随之而来的便是当地工业实力的大幅提升。

当贩夫把南方的水果运进北方的城镇时，其价值比留在树枝上和掉落在地上的那些要贵上 100 倍。商人的本领就是把货物从盛产之地运送到它稀缺的地方，实现供需的动态平衡。

通过正确运用这种选择的无穷力量，你一定能够很快地改善自己的财政和金融的不良状况。许多人根本不懂得如何正确地运用这种巨大的力量。

财富积累的脉络在日常生活当中清晰可见：当你拥有结实的屋顶时，它能够抵挡风雨的侵袭；当你打了一眼水井时，它能供人们汲取大量清甜的水；当你置备两套外衣时，便可以在汗湿之后及时更换；当你有干柴可烧，有双芯油灯照明，有一日三餐充饥，有干活儿的工具，有可读的图书，有一匹马或一列火车载你穿过大地，甚至有一条船去航海，而且，靠着这些工具和附属物品，你能在各个方面尽可能广泛地增强自己的威力时，这就好比你增添了手脚、眼睛、血液、时间以及知识和善意——圣人之所以为圣，是善假于物的结果。

要使自己拥有财富的思维

假如我们能改变自己关于经济状况的想法的话，那么其他方面的变化也会随之出现。所以，我们应该去选择有意义的、健康的财富思维。

通过正确选择使用这种伟大的力量，你肯定能让自己的财富状况发生变化。许多人都没有正确地使用这种力量，从而导致他们成为自己最不愿面对的那种东西的奴隶。

　　曾经有个青年人，他生活艰难得如同在苦海中挣扎。有很长一段时间，他都没有工作，最后，他找到一份让人一点儿都不值得骄傲的工作。后来，这个青年人结婚并有了一个孩子，但他只能昧着良心说："我不想挣大钱。"每一天，他都尽量节省几个钱存起来，以便他的孩子长大后可以去读书。他放弃去繁华市中心而选择看街道放映的露天电影，因为这样他能节省两角五分钱；他从不去好一点的饭店吃饭，因为那里的花费比较贵；他买东西时，只选择便宜的那种；他也不能带家人外出度假，因为他没有钱。但他还是昧着良心说："我不想挣大钱。"

　　由此观之，对数以万计的人深陷在贫困之中，你还会感到奇怪吗？他们选择让自己继续在贫困中生活，但没有意识到这一点。他们没有意识到选择的巨大力量。

　　从来没有人会因为生活节俭而被别人指责。很多人只能精打细算地过日子，否则他们的生活就没法过下去。这些人完全可以选择这种巨大的力量，他们本可以用生活中那些美好的东西来充实自己的大脑。

　　但是，我们每天都会听到有人在抱怨："我很想买那件东西，但我没有钱。""我没有钱"这可能是事实，但不能这么说，假如你继续说"我没有钱"，那么，"没有钱"将会伴你一辈子。选择一种上进的思想，例如，"我得买下它，我要拥有它。"当要买下它、拥有它的思想出现在你的脑海时，你就逐步地建立了期待的想法，于是你的生活就出现了希望。千万不要毁灭自己的希望。假如你毁灭了它，你就会将自己带进一种无聊、困惑、失望的生活中去。

　　杰姆是一位十分能干的年轻人，任何事他都做得很成功，但他挣不到一点儿钱。人们都不明白这到底是怎么回事：杰姆很有上进心，长相也不错，很讨人喜欢，无奈他一年又一年的奋斗都是徒劳的。在金钱方面，他没有收获。后来，杰姆请求一位智者为他指出问题的所在。他对智者说："我能做好任何事情，除了挣钱之外。"智者为他指点了迷津，当他明白出现在自己身上的问题其实很简单，只不过是自己关于赚钱的思维选择得不对的时候，一切都改变了。他再也不说："我能做好任何事情，除了挣钱。"他开始说："我能做好任何事情，包括挣钱。"以后的几年里，年轻人的财务状况发生了明显的改变，他开始赚到钱，他逐渐在财务上让人刮目相看。现在，人们都认为他已经是个富翁了。这个年轻人本来很有可能终生面临一个困惑，即能做好任何事情却赚不到钱。但他一旦明白这一切都是因为自己选择了错误的想法后，他立即积极地改变了这种想法，于是，他的财务状况也随之发生了变化，开始朝好的方向发展。选择的力量能够给人带来更好、更有效的赚钱方式。

第五卷
钻石宝地

"信心是生命和力量；信心是奇迹。"

——［美］拉塞尔·康维尔

第一章　财富就在脚下

寻找你的财富

穷人和富人的差别就是，穷人不善于寻找财富，而富人之所以能够致富，就在于他们终生都在孜孜不倦地寻找财富。

穷人贫穷，不是因为所有的财富已被瓜分完毕，不是因为这个世界上没有了任何创造财富的机会。

不错，现在要想进入某些行业确实已经很困难，你可能被拒之门外。但是，东方不亮西方亮，总会有另外的行业带给你机会。

的确，如果你在一个大集团公司工作了许多年，仍然是一名普通雇员，也许就很难再圆自己做老板的梦。但是，同样肯定的是，如果你开始按照正确方式做事，就会不再局限于这份工作，相反，你会更加积极地进取，走上适合自己的致富的道路。比如，你可以去开一家小店，零售经营。身处不断发展的社会中给从事零售行业的个体经营者提供了非常好的机会，致富并不是一件困难的事情。但你可能会说，我没有资金。请不要用这种消极的想法束缚自己。今天也许是这样，但明天呢？我们已经说过，只要你能够使用好选择的力量，就必定能够得到自己希望的。

人类社会一直在发展，我们的需求也在不断变化。不同阶段、不同时期，机会的浪潮会向不同方向涌动。

如果你能够顺势而为，而不是逆机遇的潮流而动，你就会发现，机会总是无处不在。

如今，我们能够看见的商品和服务的供应已经相当富足，我们尚未看见的供应更是取之不竭。所以丝毫不必担忧，没有人会因为大自然资源的匮乏而受穷，也没有人会因为供应的短缺而受穷。

人类作为整体也符合致富的规律。人类，作为生物界的一个物种，其整体总是越来越富裕；而个体的贫穷，完全是因为他没有努力地去寻找。

生命固有的内在动力总是驱使自身不断追求更加丰富多彩的生活。智慧的天性就是寻求自我的扩张，内在的意识总会寻求充分展示的机会。宇宙并非静止，它是巨大的活体，它不断追求永恒的进化与发展。

大自然正是为生命的进化而形成，也为生命的丰富多彩而存在的。因此，大自然中蕴藏着生命所需的充足资源。我们相信，自然界的真谛不可能自相矛盾，自然界也不可能使自己已显现的规律失效。因此，我们更有理由相信，宇宙中资源的供应永远不会短缺。记住这个事实：谁也不会因大自然的短缺而受穷。创造财富的权力就掌握在你的手中，只要你肯努力地去寻找，终将得到属于你的财富。

第二章　财富就是力量

金钱可以给人带来幸福

　　金钱可以做坏事，也可以做好事，关键在于用之有道，金钱除了满足基本生活花费外，还可用于慈善事业。

　　在 20 世纪之初，许多曾使美国工业蓬勃发展的大人物开始陆续离开人世，他们的庞大家产将落在谁的手中，不少人都极为关心。人们预料那些继承人大多数将难守家业，会白白地把遗产挥霍掉。

　　人们以极大的热情关注着"石油大王"洛克菲勒的儿子小洛克菲勒。1905 年《全球主义者》杂志发表了一组题为《他将怎么安排它？》的论点，开场白这样写道：

　　人们对于世界上最大的一笔财产，即约翰·D·洛克菲勒先生的财产今后的安排感到很大兴趣。这笔财产在几年之中将由他的儿子小约翰·戴维森·洛克菲勒来继承。不言而喻，这笔钱影响所及的范围是如此广泛，以致继承这样一笔财产的人完全能够施展自己的财力去彻底改革这个世界……要不，就用它去干坏事，使文明推迟四分之一个世纪。

　　此时，在老洛克菲勒晚年最信任的朋友、牧师盖茨先生的勤奋工作和真心的建议下，他已先后把上亿巨款，分别捐给学校、医院、研究所等，并建立起庞大的慈善机构。

小洛克菲勒曾回忆说："盖茨是位杰出的理想家和创造家，我是个推销员——不失时机地向我父亲推销的中间人。"在老洛克菲勒心情愉快的时刻，譬如饭后或坐汽车出去散心时，小洛克菲勒往往就抓住这些有利时机进言，果然有效，他的一些慈善计划常常会得到父亲同意。

在 12 年的时间里，老洛克菲勒投资了 4 亿多美元给他的 4 个大慈善机构：医学研究所、教育委员会、洛克菲勒基金会和劳拉·斯佩尔曼·洛克菲勒纪念基金会。在投资过程中，他把这些机构交给了小洛克菲勒管理。在这些机构的董事会里，小洛克菲勒起了积极的作用，远不只是充当说客而已。他除了帮助进行摸底工作，还物色了不少杰出人才来对这些机构进行管理指导。

1973 年，美国政府通过一项法律，把资产在 500 万美元以上的遗产税率增加到 10%，次年又把资产在 1 000 万及 1 000 万美元以上的遗产的税率增加到 20%。即使这样，老洛克菲勒 20 年中陆续转移，交到小洛克菲勒手里的资产总值仍有近 5 亿美元，小洛克菲勒捐款的数字差不多同他父亲的相等。老洛克菲勒给自己只留下 2 000 万美元左右的股票，以便到股票市场里去消遣消遣。

这笔庞大的家产落到小洛克菲勒一人身上，大得令他或其他任何人都吃喝不完，大得令意志薄弱者足以成为挥霍之徒，但他从来都把自己看作是这份财产的管家，而不是主人，他只对自己和自己的良心负责。

在走出大学以后的 50 年中，小洛克菲勒是父亲的助手，全凭自己对慈善事业的热心捐赠出约 8.22 亿美元，用以改善人类生活。他说："给予是健康生活的奥秘……金钱可以用来做坏事，也可以是建设社会生活的一项工具。"

他所赞助的事业，无论是慈善性质还是经济性质，都范围广大而影响深远，而且在投资前都经过了从头至尾的仔细调查。

"我确信，有大量金钱并未使人们得到快乐，快乐来自能做一些使自己以外的某些人满意的事。"说这话的人是老洛克菲勒，但彻底使之变为现实的是他的儿子小洛克菲勒。对小洛克菲勒来说，赠予似乎就是本职。在他把金钱捐赠给需要它的人并给他人带来幸福的时候，金钱又何尝没有给他带来幸福呢？

感受金钱的存在

钱，究竟是什么？为什么对人们这么重要？大多数人想到钱的时候，只想如何赚钱、花钱、存钱，却很少仔细思考金钱的真正意义。

大多数人认为金钱只不过是纸钞和硬币，这完全不正确。纸钞和硬币本身没有任何意义，它们的力量是人类所赋予的。它们只是代表物，表现人们公认的价值。

你可别把钱与日元、英镑、欧元、美元或政府公债混为一谈。不同的货币，只表示你在使用这种货币的国家，可以换取同等价值的食物、衣服或房子。如果你认为钱是货币，就误解它了。

钱不是物体，而是一个观念、一种想法、一种沟通方式、一种生活物资的交换形式，纸钞和硬币本身不是钱，它们只是钱的表现。了解这层关系后，钱的意义才能彰显出来。

钱，像个千面女郎，不同的人对钱有不同的感受。下列几种观点，是一般人对钱的基本看法：

（1）钱是保障。钱可以使你远离阴冷、贫穷、残酷的世界。没有钱，你将会处于失败者的阵营；没有钱，你将无法掌握自己的命运。如果你在银行有一大笔存款，又有稳定的职业，那你当然觉得有保障。

（2）钱是困扰。有些人一想到钱，就觉得头痛。如果你一味钻营如何赚更多的钱，担心到手的钱又会失去，终日忧心忡忡，那么，钱对你而言，的确是个困扰。

（3）钱是力量。在现实社会里，有钱显然可以获得尊敬和忠诚。富裕的人较之普通人，可以轻易满足生活中物质上的欲望。

（4）钱是一种承诺。金钱交易包含两个含义：第一，我们认同交易对象的价值；第二，我们交付的金钱，其价值不会改变，可以由一个人转移到另一个人手中。从第二个观点看来，钱可以说是一种承诺。

（5）钱是动力。就某种程度而言，钱可以造成社会上的互动关系。钱并非独立于社会之外，也不是独立于你我之外。一个人是否富有，与他的身份、职业有密切关联。一个人和钱打交道，正是发挥他生命动力的时刻，就这个观点而言，一个人所拥有的财富，可以代表他的生命力。

以上这些观点并非绝对，不是每个观点对所有人都正确无误。每个人都可以依据自己的想法，选择适合自己的金钱概念。但是有一条极为重要，财富要靠努力去创造，而不能有其他获取之道。这是一条不可违背的法则，谁违背了，谁就得付出比金钱还昂贵的代价。

第三章　财富依附机遇

机遇＋胆识＝巨额财富

机遇与我们的生活、事业密切相关。在商业活动中，对时机的把握甚至完全可以决定你的成就。而胆识是把握时机的一种手段，是让机遇变为财富的一种方法。哈默与威士忌酒的故事，就是机遇与胆识创造巨额财富的故事。

哈默一生中最活跃的 25 年是 1931 年从俄国回来后开始的。在这 25 年里，他得心应手，在他产生兴趣的任何行业里都取得了成功。除了从事艺术品的买卖外，他还做过威士忌和牛的生意，从事过无线电广播业、黄金买卖以及慈善事业。有些时候，他像杂技演员玩球那样，同时玩几个甚至所有的球。

当富兰克林·罗斯福正在逐渐走近白宫总统宝座的时候，哈默的眼睛虽然盯在销售自己的艺术品上面，可是他的耳朵在倾听着来自四面八方的消息，他听到一个清晰的信号，一旦"新政"得势，禁酒法令就会被废除，为了满足全国对啤酒和威士忌酒的需要，那时将需要数量空前的酒桶，而当时市场上没有酒桶。

自从 1920 年实行禁酒法以来，市面上很少需要酒桶。可是现在情况不同了，到处都嚷嚷着要酒桶，特别是要用经过处理的白橡木制成的酒桶供装啤酒和威士忌酒使用。哈默非常清楚什么地方可以找到制作酒桶用的桶板。

　　除了俄国还能到哪里去找呢？他在俄国住了多年，清清楚楚地知道苏联人有什么东西可供出口。他订购几船桶板，当货轮抵达时，他发现对方没有执行订货合同，他们运来的不是成型的桶板，而是一块块风干的白橡木木料，需要加工才能制成桶板。但哈默只是在短时间里感到有些沮丧，他在纽约码头俄国货轮靠岸的泊位上设立了一个临时的桶板加工厂。酒桶从生产线上滚滚而出之时，恰好赶上废除禁酒法令的好时机。这些酒桶被那些最大的威士忌和啤酒制造厂以高价抢购一空。

　　然而他的财富之路也并不是一帆风顺的。时逢战争期间，全国对酒的需求量很大，使得他所有的酿酒厂在谷物开放期间都加班加点生产，而此时政府宣布禁止用谷物生产酒。哈默只好改为生产掺有土豆酒的混合酒。

　　但后来政府又对谷物酿酒解禁了，市场上再也没有人买他的新牌混合酒了。顾客要的是名牌纯威士忌酒，至少窖存 4 年以上的陈酒。在这表面看来是灾难性的时刻。多亏他哥哥哈利的一个电话，也多亏他弟弟维克托采取的与众不同的办法，才使他在灾难中得救。

　　哈利电话中讲的是酒的价格问题。他刚刚光临过一家纽约的酒店，这次光临使他开了眼界。他在酒店里以维护他兄弟利益的态度要买一瓶丹特牌酒。老板说他们不经营这个牌子的酒，实际上，在开始时，哈默的这种产品也只限于在肯塔基州和伊利诺伊州出售。于是，哈利就想买一瓶老祖父牌威士忌酒，价格是一样的，当时卖 7 美元，这种酒也是肯塔基州生产的、由酸麦芽浆做的。但是老板并未从货架上取下一瓶老祖父牌威士忌，而是做了一件威士忌酒店老板不常做的事情：他把手伸到柜台底下，从下面拿出一瓶 1/5 加仑装的贴有天山牌商标的酒来，他把这种未经许可、非法生产的私酒满满斟上一杯。"你尝尝这个，"他对哈利说，"我们不能把这酒放在货架上，我们把它存放在柜台底下，只卖给我们的老顾客。我们一般要顾客买几瓶别的酒，才给他搭一瓶天山牌酒。"

哈利品尝了一下，觉得味道和丹特及其他高级的陈年威士忌不相上下。

"你这酒卖多少钱？"哈利问掌柜的。

"4.49 美元。"掌柜的压低声音，推心置腹地说。

哈利随即把这个情况打电话告诉了哈默，这消息无疑像是在售酒业里引爆了一颗炸弹。也真是巧，哈默老早就准备在陈年威士忌酒业里搞个大的突破。他已经决心把 1/5 加仑装的 4 年威士忌陈酒的价格每瓶降低到 4.95 美元，这个价格至少会使爱喝烈性威士忌酒的人感到高兴。

当时零售价 1/5 加仑装每瓶 7 美元，他每年卖 2 万箱，每箱赚不到 20 美元。他决定把酒的价格大幅度降低，降到每箱只赚很少的钱，但他的目的是几年之内把销售量增加到每年 100 万箱。他的这一决定把那些一心想把哈默排挤出酿酒行业的老资格竞争对手弄得目瞪口呆，非常沮丧。

正在此时，哈利的电话来了，告诉他当时市场上已经有一种质量相当好的烈性威士忌酒，偷偷摸摸地只卖 4.49 美元，这个价格是掺有 35% 谷物酒精的威士忌酒的价格。哈默打电话给他的副总经理库克，这时库克正准备要发动一场广告宣传，那是哈默和他事先商量好的。

"把所有的广告都改一下，"哈默指示说，"新价应改为 4.45 美元。"

"那可不行。"库克争辩说。

"谁说不行？"哈默反问。

"我说不行，"库克说，"没有人按照混合酒的价格卖过纯威士忌酒，这没有先例。"

"生意经恰恰就在这里，"哈默解释说，"这正是我们要这么做的原因，酒客们会自己对自己说：'嘿，我既然可以用买一瓶混合酒的价格买一瓶纯威士忌，我还买混合酒干什么？'花同样的钱可以喝到真正的陈年老酒，为什么还要去喝含有 65% 酒精的货色呢？"

就这样，酒瓶上有凸起字迹"肯塔基威士忌酒的皇冠宝石"的特制丹特牌酒就在全国推销了。而这时，哈默的弟弟维克托又耍了一套富有艺术性的把戏：他购买了很多哈布斯堡王朝的皇冠和珠宝（后来在哈默艺廊出售），举行了一次巡回展览。这实际上是一次为推销丹特牌酒而做的广告。他邀请当地的妇女名流在各种义卖集会上戴上这些珠宝做表演。报刊的专栏里常常出现触目惊心的画像：奥地利哈布斯堡王室的一只冕状头饰歪戴在只值 4.45 美元的威士忌酒瓶上。

只用了两年工夫，丹特牌酒就从地区性的品牌货一跃而成为全美国一流的名酒。每年销售 100 万箱的目标同时达到了。哈默无疑也成了首屈一指的富翁。

总结起来，哈默的富有得益于他非凡的胆识和善于捕捉机遇的独到眼光。

第四章 致富依靠自信

自信是财富之本

一个人的成就，绝不会超出他自信所能达到的高度。如果拿破仑在率领军队越过阿尔卑斯山的时候，只是坐着说："这件事太困难了。"那么，无疑他的军队永远不会越过那座高山。所以，无论做什么事，坚定不移的自信心都是达到成功所必需的和最重要的因素。

如果有坚定的自信，往往能使普通人干出惊人的事业来。胆怯和意志不坚定的人即使有出众的才干、优良的天赋、高尚的性格，也终难成就伟大的事业。

坚定的自信，便是伟大成功的源泉。不论才干大小、天资高低，成功都取决于坚定的自信。相信能做成的事，一定能够成功。

有许多人这样想，世界上最好的东西，不是他这一辈子所应享有的。他认为，生活上的一切快乐，都是留给一些命运的宠儿来享受的。有了这种自卑的心理后，当然就不会有出人头地的观念。许多青年男女，本来可以做大事、立大业，但实际上竟做着小事，过着平庸的生活，原因就在于他们自暴自弃、胸无大志、缺乏自信。

曾有人对一家著名保险公司的雇员进行过调查和统计，结果发现：老雇员中自信乐观的人出售的保险额比起那些缺乏自信的人要多出 37%；新雇员中自信乐观的人出售的保险额，也要比那些缺乏自信的新雇员多 20%。后来，美国大都会人寿保险公司根据这一情况，在招聘保险员时，有意雇用那些业务能力测试未必非常出色，但在乐观自信测试中成绩较好的人。他们的这种做法后来真的收到了极好的效果，公司的业绩因此而提高了 10% 以上。

拉塞尔·康维尔曾经在演讲中这样说道：信心是生命和力量；信心是奇迹。

信心是创立事业之本。只要有信心，你就能移动一座山。只要你相信会成功，你就一定能赢得成功。这是因为：信心是心灵的第一号化学家。当信心融合在思想里，潜意识会立即感受到这种震撼，把它变为等量的精神力量，再转送到无限的智慧领域之中促成成功思想的物质化。

与金钱、势力、出身、亲友相比，自信是更有力量的东西，是人们从事任何事业最可靠的资本。自信能排除各种障碍、克服种种困难，能使事业获得完满的成功。唯有自信，才是财富之本。

自信才能得财

红顶商人胡雪岩有句名言："立志在我，成事在人。"这跟带有宿命论色彩的"谋事在人，成事在天"有本质的差别，一个成功的商人必然有"立志在我，成事在人"的大自信。胡雪岩正是具备了这种非凡的自信。

胡雪岩创办阜康钱庄，从外部环境来说，当时由于太平天国起义，国家正处于战乱之中，而且太平天国活动的主要区域，也正是长江中下游地区的东南一带。而当时国内的金融业主要还是山西"票号"的天下，在东南地区后起的宁绍帮、镇江帮经营的钱庄业，无论业务经营范围，还是在商界的影响，都远逊于山西票号。从自身条件看，胡雪岩此时除了在钱庄学徒的经验外，实际上一无所有。但他踏入商界之初第一件为自己考虑的事情就是创办自己的钱庄——即使此时还是两手空空，也要热热闹闹先把招牌打出去。此时的胡雪岩凭借的就是他的那份大自信。他相信凭自己钱庄学徒的经验，凭自己对于世事人情的了解，凭自己独到的眼光和过人的手腕，当然也凭借已入官场可做靠山的王有龄的帮助，他足以支撑起一个第一流的、可以与山西票号分庭抗礼的钱庄。就凭着这股子自信，他开钱庄的愿望实现了。

在他的生意面临全面倒闭的最危急的时刻，他却不肯做坑害客户、隐匿私产的事情。因为他相信自己虽败不倒，胡雪岩曾经豪迈地说过："我是一双空手起来的，到头来仍旧一双空手，不输啥。不仅不输，吃过、用过、阔过，都是赚头。只要我不死，我照样一双空手再翻过来。"这更是一种能成大事者的大自信。

一个有大成就者必须具有这样的大自信。当然，我们并不能以为只要有了自信就一定能够成功，有大自信就必定有大成功。能不能真正获得成功，确实还需要许多方面的条件，比如主体是否真正具备能成就大事业的能力，比如是否具备某种必不可少的、成就一番事业的客观情势，也就是人们通常所说的地利、天时或时势、机遇。但是不可否认，无论如何自信也是一个人成就一番事业的必不可少的前提条件。

自信方能自强。能自信，才能有知难而进的斗士勇气，才能有处变不惊、临危不惧的英雄本色。说到底，一个人的自信心，实际上是他能为某个高远的人生目标发愤忘食、奋力拼搏的内在支撑。

第六卷
向你挑战

"为了获得生活之永恒，为了发挥你自己的作用——你必须向你自己挑战。"

——［美］康·丹佛

第一章　挑战你的冒险精神

没有冒险就没有成功

有这样一则寓言：

一个小男孩将一只鹰蛋带回他父亲的养鸡场，他把鹰蛋和鸡蛋混在一起让母鸡孵化。于是，一群小鸡里出现了一只小鹰。小鹰与小鸡一样过着平静安适的生活，它根本不知道自己与小鸡有什么不同。小鹰慢慢地长大了。一天，它看见一只老鹰在养鸡场上空自由展翅翱翔，十分羡慕，感觉自己的两翼涌动着一股奇妙的力量，心想：要是我也能像它一样飞上天空，离开这个狭小的地方该多好呀！可是我从来没有张开过翅膀，没有飞行的经验，如果从半空中坠下岂不粉身碎骨吗？

经过一阵紧张激烈的内心斗争，小鹰终于决定甘冒粉身碎骨的风险，也要展翅高飞一下。小鹰成功了，它飞上了高高的蓝天，这时它才发现：世界原来这么广阔，这么美妙。

小鹰的飞翔几乎展示了每一位冒险家成功的历程。在现代社会里，有些人本来很有能力，完全能像鹰一样翱翔蓝天，但他们缩手缩脚、患得患失，缺乏冒险的勇气和精神。这样的人最后只会像小鸡一样，一辈子待在平庸的岗位上，默默无闻，总是与成功失之交臂。

人生本身就是一场冒险。那些希望一生宁静、平安的人不敢冒险，也不会冒险，当然也就难以成功。

不冒点风险，哪来出人头地的机会呢？很多时候，成功的机会是同风险叠合在一起的。要想抓住成功的机会，就得冒一点风险，否则，就会丧失许多可能是人生重大转折的机会，从而使自己的一生平淡无奇，毫无建树。当然，敢于冒险的人并不一定个个成功，但成功者当中，很多是因为他们敢于冒险。

有一次，摩根旅行来到新奥尔良，在人声嘈杂的码头，突然有一个陌生人从后面拍了一下他的肩膀，问："先生，想买咖啡吗？"

陌生人自我介绍说，他是一艘咖啡货船的船长，前不久从巴西运回了一船咖啡，准备交给美国的买主。谁知美国的买主却破了产，不得已，只好自己推销。他看出摩根穿戴考究，一副有钱人的派头，于是决定和他谈这笔生意。为了早日脱手，这位船长说，他愿意以半价出售这批咖啡。

摩根看了货，经过仔细考虑，他决定买下这批咖啡。当他带着咖啡样品到新奥尔良的客户那里进行推销的时候，大家都劝他要谨慎行事，因为价格虽说低得令人心动，但船里的咖啡是否与样品一致还很难说。但摩根觉得，这位船长是个可信的人，他相信自己的判断力，愿意为此冒一回险，便毅然将咖啡全部买下。

事实证明，他的判断是正确的，船里装的全都是好咖啡。摩根赢了。

在他买下这批货不久，巴西遭受寒流袭击，咖啡因减产而价格猛涨了 2 ~ 3 倍，摩根因此而大赚了一笔。

对大多数人而言，自行创业是很冒险的，而且不只是财务上的风险。约翰·D·洛克菲勒在 19 岁时，与人合开了一家公司，经营谷物和牧草，他们所有的资金加起来只有 4 000 美元。但公司开业不久，农田便遭到了霜害，作物几乎颗粒未收，农民们不能把谷物、牧草等农产品拿来。许多同业的公司已纷纷倒闭，洛克菲勒的公司也面临着无生意可做，即将关门的困境。此时，有不少农民找上门来，要求用来年的谷物收入作抵押，前提是先付给他们定金。洛克菲勒认为，这对公司来说是一个难得的发财机会，于是马上做出决定，答应农民们提出的要求。然而他全部的家当只有 4000 美元，要支付大笔的定金，钱从哪儿出呢？当地有一位银行总裁，名叫汉迪，平日与洛克菲勒有一定的接触和了解。于是洛克菲勒决定向汉迪求助。

他向汉迪开诚布公地说明了情况，得到了这位银行家的同情和支持。汉迪生平头一遭在对方没有任何抵押品的情况下，凭着对朋友的信任，向洛克菲勒贷出了 2 000 美元。

有了这笔贷款，洛克菲勒顺利地实施了自己的计划，他们第一年的营业额就达到了 45 万美元，获纯利 4 000 美元，而洛克菲勒本人也由公司的二把手，一跃成为坐第一把交椅的人物。

美国只有少数人是百万富豪，因为只有 18% 的家庭的一家之主是自己开公司的老板或专业人士。美国是自由企业经济的中心，为什么只有这么少的人敢于自行创业？许多努力工作的中层经理，他们都很聪明，也接受过很好的教育，但他们为什么不自行创业，为什么不去找一个根据工作业绩发薪水的工作呢？这是因为他们害怕风险。但是，从某种意义上说，风险愈大，机会愈大。

由贫穷走向富裕需要的是把握机会，而机会是平等地铺在人们面前的一条通道。具有过度安稳心理的人常常会一次次失掉发财的机会，机会稍纵即逝，过度地谨慎就会失去它。

也许你听过这个笑话，有天晚上，机会来敲某人的门，当这个人赶忙关上报警器，打开保险锁，拉开防盗门时，机会已经走了。这个故事的寓意是，如果你活得过于谨慎，你就可能错失良机。

在我们身边，许多富有人士，并不一定是比你会做事，更重要的是他比你敢做事。哈默就是这样一个敢做事的人。

1956 年，58 岁的哈默购买了西方石油公司，开始大做石油生意。石油是最能赚钱的行业，也正因为最能赚钱，所以竞争尤为激烈。初涉石油领域的哈默要建立起自己的石油王国，无疑面临着极大的竞争风险。

首先他碰到的是油源问题。1960 年，石油产量占美国总产量38%的得克萨斯州，已被几家大石油公司垄断，哈默无法插手；沙特阿拉伯是美国埃克森石油公司的天下，哈默难以染指……如何解决油源问题呢？

1960 年，当花费了 1 000 万勘探基金而毫无结果时，哈默再一次冒险地接受一位青年地质学家的建议：旧金山以东一片被行士古石油公司放弃的地区，可能蕴藏着丰富的天然气，并建议哈默的西方石油公司把它租下来。

哈默千方百计筹集了一大笔钱，进行了这一冒险的投资。

当钻到 860 英尺（262 米）深时，终于钻出了加利福尼亚州的第二大天然气田，估计价值在 2 亿美元以上。

哈默成功的事实告诉我们：风险和利润的大小是成正比的，巨大的风险能带来巨大的收益。要想成功就必须具备坚强的毅力，以及拼着失败也要试试看的勇气和胆略。

当然，冒风险也并非铤而走险，敢冒风险的勇气和胆略是建立在对客观现实科学分析的基础之上的。

顺应客观规律，加上主观努力，力争从风险中获得效益，是成功者必备的心理素质。这就是人们常说的胆识结合。

第二章 挑战你的做事能力

掌握技能，提高你的做事能力

技能一般是指由于训练而巩固的行为方式，训练有素则成技。通常，一个人某方面的能力与该方面的技能密切相关。技能是能力的载体，是能力的一种基本外现形式。掌握了一定的技能，便可以提高你自己的做事能力。

技能主要通过实践训练而来，因此，这就涉及操作能力或动手能力。会动脑，善于提出想法，形成构想与方案，要靠思维与想象，但要兑现，就得看动手能力如何。技能主要指一定的操作能力。一个人某方面的技能良好，实际上是指他在这方面的动手能力强。

技能是人们认识、利用和改造世界必不可少的手段之一。这是因为：

（1）技能可以大大提高活动效率，因为与有意识的动作比较起来，拥有技能的动作更容易完成，消耗的精力更少，任务也完成得更好。

（2）技能使人的精力从对细节的关注中解放出来，从而可以把意识集中到活动中最重要的任务与内容上，使人们在活动过程中有更多的创造性。例如，初学驾驶汽车的人，必须按照预定的顺序注意每一个驾驶动作，但即使如此，还时常发生错误。当他的驾驶动作熟练以后，某些动作就从意识中解放出来，变成自动化的动作。因此，他无须再考虑怎样启动、向哪个方向转动方向盘、如何刹车等，就能轻松敏捷地、一个接一个地完成全部驾驶动作。在这种情况下，他才有条件考虑如何选择更有效的途径和方法，创造性地完成动作，以进一步提高动作的质量，出色地完成既定任务。"熟能生巧"就是这个意思。技能动作中"自动化"的成分愈大，动作就愈完善，动作效率就愈高。

技能是人们进行正常的工作和生活所必备的条件之一，它对人们学习和工作的影响是积极的、显而易见的，同时也是巨大的。

技能是能力的隐形资本，是能力的主要依托。掌握一定技能在学习与工作中均能达到事半功倍的效果。从目前情况看，电脑与外语的应用技能可以说是最重要的技能。随着信息时代的到来，网络社会日益形成，网络成为获得知识的主渠道，虚拟图书馆将成为每个人的"私人书库"。同时，电脑还是我们工作与研究的辅助工具，可以很大幅度地提高研究与工作的能力与效率。随着世界一体化进程的加快、地球村的到来，世界各国的经济、文化、科技将融为一体，掌握一定的外语应用技能，能更好地吸收全人类优秀的文明成果，丰富知识储备并完善知识结构，才能在未来社会里左右逢源、如鱼得水、应付自如。

许多学科与专业对操作技能的依赖性很强，从业者能力的形成与提高很大程度上取决于其相应操作技能的状况。在这些领域中有所建树者必须具备较高的操作技能。动手术是外科医生医术水平的重要标志，也是他们提高医术水平的重要途径。一个外科医生如果只看不做，不进行有一定强度的操作技能训练，就永远不能成为一个好医生。科技论文的写作技能也是科研工作者的重要技能，一方面，通过论文进行对外的学术交流，可提高自己的专业科研能力；另一方面，通过论文的输出，使自己的学术水平与科研能力得到同行与社会的认可，能力价值得以实现。缺乏技能有时会使能力的输出与发挥大打折扣。教学效果是衡量教师水平的重要标志，而教学效果往往与教师的教学方法（技能）密切相关，良好的教学技能往往能收到良好的教学效果。有许多教师，知识渊博，科研水平也不错，但缺乏授课技能，因此，不能成为受欢迎的老师。

掌握一种技能，实际上就是拿到了一张通行证，据此便可以将自己的知识能力通过一种有效的途径应用到自己的事业中去，从而迎来事业的成功。

第三章　挑战你的身体素质

失去了健康就失去了一切

拥有健康并不能拥有一切，但失去健康会失去一切。健康不是别人的施舍，健康是你对自己身体的珍爱。

很少有人能够彻底明白健康与事业的关系是怎样重要、怎样密切。人们的每一种能力、每一种精神机能的充分发挥，与人们的整个生命效率的增加，都有赖于身体的健康程度。

健康的体魄可以使一个人具有勇气与自信心；而勇气与自信是成就大事的必备条件。体力衰弱的人，多是胆小怕事、优柔寡断者。

要想在人生的战斗中取得胜利，一个最重要的条件就是每天都能以精力饱满的身体去应付一切。对于那整个生命所系的大事业，你必须付出你的全部力量才能成功。只发挥出你的一小部分能力从事工作，那一定是干不好的。你应该用你旺盛的斗志以及健康的身体去从事工作，工作对于你是趣味而非痛苦的；你对工作，是主动而非被动的。假如你对生活不知节制而造成精疲力竭，那么从事工作时你的工作效率自然要大减。在这种情形之下，成功是难以得到的。

许多人就失败在这点上，想从事工作、发展事业，无奈体力却不支。一个活力低微、精神衰弱、心理动摇、情绪波动的人，自然永远不能成就什么了不起的事业。

聪明的将军一定不会在军士疲乏、士气不振时，统率他们应付大敌。他一定要秣马厉兵、充足给养，然后才肯去参加大战。

在人生的战斗中，能否取得胜利，就在于你能否保重身体，能否保持你的身体于"良好"的状态。一匹有"千里之能"的骏马，假如食不饱、力不足，在竞赛时恐怕要败给普通的马。一个具有一分本领的体力旺盛的人，可以胜过一个具有十分本领却体力衰弱的人。

一个人如果有大志、有坚定的自信，而同时又具有足以应付任何境遇、抵挡任何事变的健康体魄，那么他一定能够从那些阻碍体弱者前进的烦闷、忧虑、疑惧等种种精神束缚中解脱出来。

健康的体魄可以增强人们各部分机能的力量，而使其效率、成就较之体力衰弱的时候大大增加。强健的体魄可以使人们在事业上处处取得成效、得到帮助。

凡是有志成功、有志上进的人，都应该爱惜、保护体力与精力，而不使其有稍许浪费于不必要的地方，因为体力、精力的浪费，都将可能减少我们成功的可能性。

世间有不少有志于成大事的人，却因没有强健的体魄作为后盾，而导致壮志未酬身先死。然而世间也有大批的人，有着强壮的身体不知珍惜，任意浪费在无意义、无益处的地方，而摧毁了珍贵的"成功资本"。

假如当初美国的罗斯福总统对于身体不曾加以注意与补救，那他的一生恐怕是要成为一个可怜的失败者的。他曾经说："我从小就是一个体弱多病的孩子。但我后来决意恢复我的健康，我立志要变得强健无病，并竭尽全力来做到这点。"

对健康的维护，有赖于身体中各部分的均衡运转，而"成功"

的取得，又有赖于身体与精神两方面的均衡发展。所以我们必须尽一切努力，以求得到身体上的平衡，而身体上的平衡达到以后，精神上的平衡也就容易达到了。人们得病的部分原因，是身体各部分的发展不均衡。例如，对于某一部分的细胞过度地刺激与活动，而有一部分的细胞则嫌刺激、活动太少。

身心不断地活动，是祛病健身的最好方法。要维持健康，必要的活动绝对是前提。人体中的各部分机体如不经常活动，绝不可能保持健康。有一位著名的英国医师曾说，人要想长寿，就必须在除了睡眠时间以外的所有时间内使脑部不断活动。

每个人必须于职业、工作之外找一种正当嗜好。职业给他以生活资本，嗜好则给他以生活乐趣，可以使他在愉快、高兴的心情下，活动其精神。

身心健康的纲领

洛克菲勒很注意保持身心健康，他尽量争取长寿。以下是洛克菲勒为达到这个目标的行动纲领：

（1）每周的星期天去教堂参加礼拜，并将自己所学到的记下来，以供每天应用。

（2）每天争取睡足 8 小时，午后小睡片刻。这样适当的休息可以保证体力的充沛，并且可以避免对身体有害的疲劳。

（3）保持干净和整洁，使整个身心清爽，坚持每天洗一次盆浴或淋浴。

（4）如果条件允许的话，可以移居到环境宜人、气候湿润的城市或农村生活，那里有益于健康和长寿。

（5）有规律的生活节奏对于健康和长寿有益无害。最好将室外与室内运动结合起来，每天到户外从事自己喜爱的运动，如打高尔夫球、呼吸新鲜空气，并定期享受室内的运动，比如读书或其他有益的活动。

（6）节制饮食，不暴饮暴食，要细嚼慢咽。不要吃太热或太冷的食物，以避免不小心烫伤或冻坏胃壁。总之，诸事要和缓、含蓄。

（7）要自觉、有意识地汲取心理和精神的维生素。在每次进餐时，都说些文雅的话，并且可以适当同家人、秘书、客人一起读些有关励志方面的书。

（8）要雇用一位称职、合格的家庭医生。

（9）把自己的一部分财产分给需要的人。

洛克菲勒在通过向慈善机构捐献，把幸福和健康带给了许多人的同时，也赢得了声誉。洛克菲勒将其生命和金钱都视为是做好事的工具，他最终也达到了自己目标，获得了健康与幸福。

第四章　挑战你的思维方式

利用你的逆向思维

成功的契机，往往在于思维的逆转。

北宋政治家司马光小时候机智过人。有一天他和几个小朋友在花园里玩儿，一个小朋友不小心掉进了大水缸，小朋友们一时便都慌乱了起来，有的大喊："来人啊，救命啊！"有的拼命想把落水的小伙伴拉出来，但无奈水缸太深，只是白费力气。这时，只有司马光急中生智，他拿起一块石头，将水缸砸破，水流走了，那位小朋友也得救了。我们不难看出，孩子掉下水缸后，大多数孩子是按常规思维救人的，即使人离开水；而司马光采取的则是逆向思维，即使水离开人，结果顺利救出落水的小伙伴。

正是凭着"逆向思维"，司马光才使险境化为安全，其事迹也成为千古流传的佳话。显然，逆向思维的明显特点就是不按常规办事，不循规蹈矩，显示与众不同的独特性，善于从不同角度去思考问题。拥有逆向思维的人，当他们的思维在一个方向受阻时，马上会改换新的方向，借助于他们思维的结果分析统摄，巧妙组合，从而找出新的突破。而那个"新的方向"往往正是常规思维的"死角"。因为常规思维往往表现出一种定势，墨守成规，按常规办事。

这显然是两种旗帜鲜明的对立，然而，逆向思维往往只有当它被诉诸语言文字时，才会受到人们的关注，而且通常是，离开语言文字回到真实的生活中时，便又很快把它给忘了。现实生活就像一台庞大的消化机器，逆向思维一放进去，就容易被消融得一干二净。对于逆向思维，常规思维似乎有着极强的同化作用，常规思维有着那么强大的力量，作为一种"定势"、一种"常规"，其本身就证实了它的历史悠久、根深蒂固。它绝非只是个体的问题，而往往与整个民族、整个社会的文化传统息息相关。那些常规定势，往往正是世代传统的沉淀，而这也正是其具有强大力量的根源。正因为这强大的社会历史后盾，使得它的地位坚固得难以轻易动摇。

当我们仔细探寻那些世代相传的思维模式时，便发觉教育是其中最重要的传送工具。所以，我们这些经过教育与社会磨炼的大人才会不时惊奇于孩子的睿智，并由此便以为自己又发现了一个天才。而事实上，又有多少孩子成人后能继续以其神奇的智慧而著称于世？正如司马光这一被公认为思维奇特的孩子，长大后却成为历史上有名的保守派，极力反对王安石变法，其反差之大，着实让人惊奇。而曹操的小儿子曹冲，小时候虽令人称奇地将笨重的大象的体重称了出来，然而长大后，也无惊人作为。所谓的逆向思维，在孩子步向成熟时，却反而神不知鬼不觉地萎缩了。这不能不说是一个"悲剧"。

这也是我们这个社会的悲剧，作为一个社会，它必须具有一系列的规范，而这便是"常规"的社会基础，便是所谓的"框框"。而我们的"逆向思维"便是要在这严密的框框中寻找立足之地。无疑，这是一件难度极大的工作，若不是有意识地追求，我们难脱"常规"之手掌心。因此，具有"逆向思维"的人往往就会在社会中有惊人之举。

逆向思维就像天空中绚烂的彩虹，无论它在什么时候、什么地方出现在天空，引来的都是人们发自内心的赞叹与向往。

而在当今社会，逆向思维早已成为各界人士推崇的对象，尤其是在当今最热门的工商业界，它更是备受关注。经济学家和管理学者口中的所谓利润来源、创新，实际上便是对逆向思维的一种诉求。创新要求人们把握住别人所忽略的机会，它不同于发明。通俗一点，它只是对一些现存的东西加以利用，而这些现存东西的价值通常是无法为常规思维所察觉的。所以，人们对企业家的首要要求便是创新。因为，创新就是利润，而对企业家本身而言，创新就是成功。

所以，逆向思维无论在日常生活中，还是在竞争激烈的工商界，都有着其独特而巨大的价值。启发并运用自己的逆向思维，无疑是一个迈向成功的极好法宝。

第七卷
你是第一位的

"视野跨栏就是你的第一步，在你追求更愉快的生活时，必须跨越这一道障碍。"

——［美］罗伯特·林格

第一章　跨越视野的障碍

你的成功受你视野的限制

有时，你所能达到的成功会受到你的视野的限制。戴高乐说："眼睛所到之处，是成功到达的地方，唯有伟大的人才能成就伟大的事。他们伟大，是因为他们决心要做出伟大的事。"教田径的教练会告诉你："跳远的时候，眼睛要看着远处，你才会跳得远。"

一个人要想成就一番大事业，就必须树立远大的理想和抱负，就必须有广阔的视野，不追求一朝一夕的成功，耐得住寂寞和清贫，按照既定的目标，始终坚持下去，到最后就一定会获得成功。

相传任国的公子决心要钓一条大鱼。一天，他做了一个特大的钩，用很粗的黑丝绳做钓线，用 50 头牛做钓饵。一切准备完后，他蹲在会稽山上，开始了等待。整整一年过去了，他却一条鱼也没有钓到。但任国公子并不泄气，每天照旧耐心地等待。

终于有一天，一条大鱼吞了他的鱼饵，大鱼很快牵着鱼线沉入水底，不一会儿，又摆鳍蹿出水面。几天几夜后，大鱼停止了挣扎。任国公子把大鱼打捞出来，切成许多块，让南岭以北的许多人都尝到了大鱼肉。

与任国公子相比，那些成天在小沟小河旁边，眼睛只看见小鱼小虾的人，是无论如何也钓不到大鱼的。

有一句话这样说："取乎上，得其中；取乎中，得其下。"就是说，假如目标定得很高，取乎上，往往会得其中；而当你把目标定得很一般，很容易完成，取乎中，就只能得其下了。由此，我们不妨把眼光放得高一些，那产生的力量更容易让人在每天清晨醒来，并不再迷恋自己的床榻，抱着十足的信心和动力去面对新的挑战。

苹果公司的主要创始人乔布斯，他的成功和他目光高远是息息相关的。

他出生于 1955 年，从小聪明、智慧过人。他读书很勤奋，善于思考，曾以优异的成绩考上大学，由于经费拮据，几乎是半工半读，靠自己在业余时间做工来赚取生活费用。但即便如此，他在 1974 年还是因经济所迫不得不中断了大学学业，未毕业就离开了大学之门。

乔布斯中断学业时，年仅 19 岁。他在雅达利电视游戏机械制造公司找到了一份工作，然而他的志向并不在此。当时，微电脑刚问世不久，在美国加利福尼亚的库伯蒂诺市，一些业余爱好者正在组织"自制电脑俱乐部"。乔布斯虽然没有读完大学，但他已经掌握了不少知识，加上他在业余时间刻苦钻研，对电脑技术颇感兴趣。此时，他经过认真思考，认为要干出一番事业，电脑行业是最好的选择。在当今世界科技发达之时，个人用电脑更是发展的方向。于是，他下决心要独闯天下，在研究和开发个人电脑方面大干一番。

他把自己的想法告诉了自己的朋友沃兹尼亚克。他们平时很要好，志趣相投，乔布斯说了自己的想法后，他俩一拍即合。于是，两个人立即着手筹备。

但可怜得很，他们俩手头上都没有钱，东拼西凑加起来就只有 25 美元。25 美元何其微乎其微啊！然而他们就是用这一点钱，买了一块微处理器，乔布斯把父亲的修车房作为工作室，两人便干了起来，这简直就像是两个小孩子在玩游戏。然而，他们就是凭着这 25 美元的资本起家，经过废寝忘食的奋斗，终于试装出一台单板微电脑。把它和电视机连接使用，可以在电视屏幕上显示出文字和简单的图形来。

他们为自己取得的这一小成果而感到高兴，便把这台个人用微电脑送到"自制电脑俱乐部"展示，受到热烈称赞和欢迎。他们信心十足，接着就试制出一小批公开出售，谁知竟然非常抢手，有一家电脑商店一次竟向他们订购了 350 台，这给他们带来了成功的机会。

从此，他们雄心勃勃，把自己一切可以变卖的东西全都卖掉，换取了 2500 美元的资本，再向当地的一家商店买了一批零件，用 29 天的时间，就创立了一个小小的微电脑公司。乔布斯在半工半读的岁月里曾在一个苹果园里工作过，作为纪念，他们把公司命名为"苹果公司"。后来，"苹果公司"成为美国一家大电脑公司，而乔布斯则被誉为"电脑神童"，是个人电脑开发的鼻祖。

在公司里，乔布斯既是负责人，又是工程师、设计员、工人、推销员。只有他和沃兹两个年轻人，工作人员太少了。而且，他们毕竟对于做生意还不熟悉。乔布斯立即想到，要想使公司大有发展，必须广集人才，而目前迫切需要的是会做生意的人才。他想起自己推销第一批产品时认识的麦库拉。麦库拉当时在半导体公司供职，是一位经验老到的推销能手。

乔布斯怀着满腔的热情，再三邀请麦库拉入伙。麦库拉看到这位年轻人很有创新精神，终于答应加盟，并且拿出 25 万美元作为投资，成了苹果公司的股东。接着，他们几经研究、试验，对原有产品重新进行设计，制造出了一种体积小、价格低、适合个人和家庭使用的电脑。这种电脑一上市，顿时声名鹊起。该公司不起眼的标志——一个咬掉一大口的苹果，霎时红透了半边天。乔布斯迅速扩大规模，大量增加生产，公司员工由最初的 3 人，到 20 世纪 80 年代初便发展到 3200 多人。1977 年，公司营业额为 77 万美元，纯利润为 4.2 万美元。到 1981 年，公司营业额竟达 3.35 亿美元，4 年间增长了 435 倍。从这以后，苹果公司进入了黄金时代，成了知名度颇高的电脑公司。

也许，你现在跟乔布斯他们最开始创业时一样，身上的资金少得寒碜，碰到的困难也很多，但只要你树立正确的方向，敢于梦想"成功"，你的行动便会引领你走向财富之巅。

第二章　跨越现实的障碍

认清事实

在法律程序领域中，有一项被称为"证据法"的原则，这项原则规定判决之前必须取得事实依据。任何法官都可以把案子处理得公正，只要他能根据事实来做判决；但他也可能冤枉了无辜的人，只要他故意回避事实，根据道听途说的消息来做判决或下结论。

目前有许多人错误地把事情与自己的利害关系当作判断是非的出发点。他们愿意做一件事，或是不愿意做一件事，唯一的出发点是能否满足自己的利益，而未曾考虑到是否会妨碍其他人的权益。在事情对他们有利时，他们表现得很"诚实"，但当事情似乎对他们不利时，他们就会不诚实，还会为他们的不诚实找到无数的理由。

而那些已取得成功的伟大人物，他们都会按照客观公正的原则来判断是非，而不管这种做法能否立即带来利益，或是偶尔还会带来不利的情况。因为他们知道，到最后，公正终将使自己达到成功的最高峰。

你最好在心理上做个准备，使自己了解，要想成为一个思想方法正确的人，必须具备顽强坚定的性格。因为要达到思想方法的正确，有时会受到某种力量的暂时性打击，对于此事实无须否认。但是，同样，由于思想方法正确将获得的补偿性报酬是如此巨大，因此，你将会很乐意地接受这种打击。

在我们寻求事实的过程中，经常需要借助他人的知识与经验，通过这种途径收集证据之后，必须很小心地检查这些证据，以及提供证据的人。而当证据影响到提供证据人的利益时，我们更有理由详细审查这些证据，因为与自己所提出的证据有关系的证人，通常会对证据予以掩饰或改造，以保护自己的利益。

由此可见，事实是躲在错综复杂的事件背后的一项隐性因素。因此，要想透过错综复杂的事件认清事实，就必须具有非凡的观察能力，同时还需要具有足够的耐心。

正视现实

事件的深层内核是事实，而诸多事实构成了我们生活的现实。我们不但要认清事实，而且要勇敢地正视生活的现实。而有许多人，尤其是青年学生，往往以理想主义看待生活现实，这就容易使自己生活在理想与现实的隔离层之中，与社会环境格格不入；或者一遇到较为恶劣的环境就要反抗，就要改造，操之过急，意气用事。

这两种倾向都是极为有害的。

其实，从来没有单纯的理想环境，在今天的现实社会中，也是鱼龙混杂、泥沙俱下的。是非曲直的分野、黑白好坏的界线在现实生活中是极其复杂微妙的。纯粹的光明与纯粹的黑暗都很少，生活中很大一块是黑白混杂的灰色地带。这就是说，对一个人来说，任何一个环境都有其双重性：既是一片沃土，又到处荆棘丛生；既有有利于你的发展的一面，也有对你不利的一面。

我们必须接受这个黑白混杂的生活现实。在这个问题上，我们不应当只从消极的方面去看，认为要寻求自由发展就不能接受现实这个框架的限制；而应当从积极的方面去认识，接受框架的限制并不是不能成长发展、不能自我实现的。换句话说，就是要把适应环境、接受框架的限制看作是理所当然、合乎规律的事情。我们可以从以下3个方面理解这句话：

（1）约束与成长、限制与发展，表面上是对立的概念，非此即彼。其实，任何自由发展与追求成功，都有一定的目标、范围和途径，而绝非天马行空，任意纵横。"天高任鸟飞"，够"任意"了吧？可是超过了一定的高度和范围，任何鸟都飞不成的。显然，任何事物的运动和发展都意味着必要的制约。这个制约不仅是指遵守必要的法规和制度，还是指一个人要有自制、自律和自主的控制力。法国作家雨果说得好："知道在适当的时候管制自己的人，才是聪明的人。"

许多人之所以沉沦、堕落、失足、犯罪，并不是没有良好的心愿和品质，也不是困境的逼迫，不得不去偷、去抢、去胡作非为，而是往往他们缺乏自制力，太放纵自己。放纵的结果不仅伤害了别人，也伤害了自己。一个人只有先学会控制自己，才有可能去控制别人，去突破环境的局限。

（2）框架的限制如同地球的引力一样必不可少。一定程度的制约是必不可少的，应当接受和遵守，如经营企业要照章纳税，行车走路要遵守交通规则，人际交往要以礼待人、信守诺言，贸易协作要遵守协议、执行契约等。这些行为规范就像地球的引力一样天经地义，不可缺少。我们时刻受到地球引力的"制约"，并不觉得别扭；相反，若是摆脱了必不可少的"引力"，成为太空人，反倒无法适应。

这就是常言所说的"没有规矩不成方圆"。从根本上说，规矩所限制的不是人的发展，而是人的涣散。为了严明纪律、严肃风纪，一个羽毛球队有一回把男子单打头号主力正式除名。因为他多次违反队规，屡教不改。这的确是件令人遗憾的事，但如果羽毛球队没有严明的纪律、严格的管理和严肃的队风，是不可能从低谷中奋起的，可以说这是该主力队员不能接受框架限制、一味放任自流的结果，也是一个深刻的教训。

（3）为了自我发展也需要自我控制。一个人不仅在面对"越轨出错"的问题时需要自我控制，接受必要的制约，在面对"进取发展"的计划时，也要善于自我控制，注意从实际出发。志向应当远大，思路尽可能开阔，但实际行动时必须脚踏实地，稳扎稳打。这就好比饮食不能过量，美味不可贪多，营养过剩同营养不良同样会影响身体健康。在事业上操之过急，抓得过多，也会"欲速则不达"。

我们作为现代人既要大胆创新，又要脚踏实地；既可适当享受，又能艰苦奋斗；能上能下，能进能退；外圆内方，刚柔相济；具有一种强劲而灵活的品格。这就好比人穿衣服，你穿上礼服，打扮一新，当然漂亮，但有许多环境，你不必也无法穿礼服。你破衣烂衫，邋遢粗糙，没个样子，谁会看得上你呢？而唯有牛仔裤可以两者兼顾，它的最大特点是无论什么人在什么场合、什么季节、什么活动都可以穿，在欧美各国除了婚礼外，连进教堂都可以穿牛仔裤。所以，我们要做个有"牛仔裤精神"的人，走到哪里，都能做一个宠辱不惊、自强不息的人，一个能在框架的限制中寻求自由的人，这就是正视现实的结果。

第三章　跨越团队的障碍

小心生活中团队的陷阱

这里所说的团队，是指任何一个团体，不管它声称自己的目标是什么样的。组建团体是要强行推进一个主张，或是消除现存的一个主张，或打破现在的局面。你也许已经参与了一个这样的团体，可没有意识到它的危害性。但是，它事实上极有可能成为你追求更好生活的绊脚石。

生活中的团体并非都是具有阻碍性的，就目前社会状况而言，只有一小部分目的不纯的团队组织。它们总是把自己打扮得合理合法，因此单从表面来看，你无法认清它的真面目。所以，在生活中你要时刻注意，小心掉入这样的团队陷阱中。

一项运动、一种事业或者一次团体的行动，都会形成一个障碍，使你的生活复杂化。但是，如果你有很强的自律精神，你便可以抵挡住要把你卷入其中的威胁性的压力，团体行为就不能够影响到你的生活。要做到这一步，我们必须仔细分析这样团体的行为，看看它具有怎样的性质。

所有团体都给一些人贴上标签，这就是应该远离团体的充足理由。但是，跟一般的归类与贴标签不一样的是，团体都是有组织的，而且因为有正式的名字，就摆出很吓人的姿态。一个共同的事业，不管是理性的还是非理性的，都会把涉及其中的人联合在一起。这会产生一个问题，就是说，有很多人错误地认为，因为你支持一个事业，所以其领导人就会替你说话，于是你就自愿牺牲掉自己的很多个性，全身心参与某个团体的行动中去。

如果不参加进去，一个团队组织本不可能对人产生危害，但是，这样的团队组织时常会变成热门的活动。例如，麻将俱乐部是一个完全无害的俱乐部，只要其成员坚持在俱乐部成员之间玩牌就行。但是，如果他们走火入魔，突然觉得自己有责任让全世界所有的人都来玩麻将，并且发动一场很大的运动，通过一些施压手段招募新的成员，他们一下子就变成了一个团队陷阱。

一个团队也许会无休止地宣称，它将如何准备帮助你成为一个更幸福的人，但是，它的宣言是没有意义的，因为团队行动的前提本身就否决了这种可能性。任何时候，只要你拿出时间，只要你使自己的利益服从于一个团队的利益，你就不仅失去了自己的个性，同时还失去本可以用来解决自己生活中具体问题的宝贵时间。这就是团队的领导人非得要强调未来的一个主要原因，许诺的结果越远，事情就越明显。让这个团队永久运转下去才是领导人真实的目的。

当你想要加入社会中的某一个团队时，一定要擦亮眼睛，小心掉入团队的陷阱中。

第四章　跨越财务的障碍

有钱不要乱花

　　巴比伦的繁荣昌盛历久不衰。巴比伦在历史上一直以"全世界首富之都"著称于世，其财富之多超乎想象。但巴比伦并非从一开始就如此富裕。巴比伦能够富裕，是因为它的百姓有理财的智慧。凡是巴比伦人都得先学会理财之道。

　　在这里，古巴比伦的富翁阿卡德将教给你如何让口袋饱满的简单方法。这是迈向财富殿堂的第一步，第一步走不稳的人，永远别想登上这个殿堂。

　　阿卡德是一位毫不吝啬的富翁，他愿意把自己获得财富的秘诀免费传授给古巴比伦的穷人。他经常开设免费讲堂，在一次课堂上，阿卡德问一位若有所思的先生："我的好朋友，你从事什么工作？"

　　那位先生回答："我是个抄写员，专门刻写泥板。"阿卡德说："我以前也是刻写泥板的工人，依靠与你一样的劳力，赚得我的第一个铜钱。因此，你也有相同的机会建立财富。"阿卡德又问一位气色红润的先生："能否请你说说，你靠什么养家？"那位先生说："我是个屠夫。我向畜农购买山羊来宰杀，再将羊肉卖给家庭主妇，将羊皮卖给制作凉鞋的鞋匠。"阿卡德说："你既付出劳力，又辗转牟利，因此你比我更具有成功的优势。"阿卡德一一询问每

位学员的职业，等他问完，他说："现在，你们可以看出，有许多
贸易和劳动可以让人赚到钱。每一种赚钱方式，都是劳动者将劳
力转换成金钱流入自己口袋的管道。因此，流入每个人口袋的金
钱多或少，全看你们的本事如何。不是吗？"

　　大家都同意阿卡德的说法。阿卡德继续说："假如你们渴望为
自己建立财富，那么，从利用既有的财源开始，是不是很聪明的
做法呢？"大家都同意。阿卡德转身问一位卖鸡蛋的商贩："假如
你拿出一个篮子，每天早晨在里面放 10 个鸡蛋，每天晚上从里面
取出 9 个鸡蛋，最后将出现什么结果？"

　　"总有一天，篮子会满起来。"

　　"为什么？"

　　"因为我每天放进篮子里面的鸡蛋比拿出来的多一个。"

　　阿卡德笑着转向全班："你们当中有人口袋扁扁的吗？"大家
起初听了觉得好玩儿，继而大笑，最后戏谑地挥动着他们自己的
钱包。阿卡德接着说："好了，现在我要告诉你们解决贫穷的守
则。就照着我给他的建议去做。在你们放进钱包里的每 10 个硬币
中，顶多只能用掉 9 个。这样你的钱包将开始鼓起来，它所增加
的重量会让你抓在手里觉得好极了，且会令你的灵魂感到满足。"

　　"不要因为听来太简单而讪笑我所说的话。我说过，我将告诉
你们我致富的方法，而这便是我的第一步。我曾经同你们一样口
袋空空，且憎恶自己没钱：钱包里毫无分文，我的许多欲望便无
从满足。但是当我开始往口袋里放进 10 个硬币，只取出 9 个之
后，我的口袋开始膨胀起来。你们的口袋也必将如此。"

　　"现在，我再说一个奇妙的真理。这就是当我的支出不再超过
所得的 9/10 以后，我的生活仍然过得很舒适，不比从前匮乏。而
且不久之后，铜钱比以前更容易攒下来。凡是将钱储存起来一部

分而不花光的人，金子将更容易进他的家门。同样的道理，钱包经常空荡荡的人，金子是进不了门的。"

"你们最渴望得到哪一种结果呢？你们每天最渴望的事岂不是锦衣玉食且能毫不在意地享受任何物资吗？或者拥有实质的财产、黄金、土地、成群的牛羊、商品和利润丰厚的投资？你从钱包取出的那些铜板会让你得到前一项满足，你存入钱包的那些铜板则会让你得到后一项满足。"

解决钱包空空的方法就是：每赚进 10 个铜板，至多只花掉 9 个。一个人若不看紧口袋，口袋里的钱可能就流失了。因此我们应该把小额的钱储存起来，守住它，直到有一天我们挣了大钱。在你借钱给任何人之前，最好确认一下借钱者的偿债能力和信誉如何，免得你辛辛苦苦积攒的钱，成了白白送给他人的礼物。在你借钱给别人做任何投资之前，你最好先透彻地了解一下该项投资的风险如何。不要太信任你自己的智慧，而将财富投入陷阱。宁可与这方面经验丰富的人多商量。你可以免费获得这类忠告，且可能立即获得与你原先设想的投资利润相等的回报。事实上，这些忠告真正的价值在于能保证你免受损失。

守住你的钱袋，有钱不要乱花，避免不必要的损失，这样能使你鼓胀的口袋不致变空。只做安全的投资，或是做可以随时取回资本的投资，不做收不到合理利息的投资。

会赚钱也要会用钱

人们 70% 的烦恼都跟金钱有关，大部分人都相信，只要他们的收入增加 10%，就不会再有任何财政的困难。在很多例子中确实如此，但是令人惊讶的是，有更多例子则并不尽然。收入增加之后仍感觉烦恼的不在少数，多赚一点钱并没有解决他们的财务烦恼。

罗伯特·林格认为，这并不是因为他们没有足够的钱，而是他们不知道如何支配手中已有的钱。那么，我们应该如何展开预算和计划，避免出现财务危机，做一个会赚钱也会用钱的人呢？我们不妨试试以下规则：

（1）花钱做记录。做记录会让你把每一分钱的去处都弄个一清二楚，然后我们就可依此做一个预算，以便以后消费时心中有数。

（2）拟出一个真正适合你的预算。这个预算必须按照各人的需要来拟定。预算的意义，并不是要把所有的乐趣从生活中抹杀。它真正的意义在于给我们物质安全感——从很多情况来说，物质安全感就等于精神安全和免于忧虑。

（3）少花钱多办事。聪明地花钱并使所花的金钱得到最高价值，这是所有大公司都追求的目标，我们为何不这样做？

（4）不要因为你的收入增加而大肆扩张消费。我们都希望获得更高的生活享受。但从长远方面来看，到底哪一种方式会带给我们更多的幸福——是强迫自己在预算之内生活，还是让催账单塞满你的信箱，或债主猛敲你的大门？如果我们把增加的收入花得太快，恐怕我们会比以前更不快乐。

（5）教导子女养成对金钱负责的态度。如果你有就读高中的儿子或女儿，而你希望他们学习如何处置金钱，就请教会他们上述的做法。

（6）如果你是家庭主妇，你在拟好开支预算之后，仍然发现无法弥补开支，那么你可以选择下面两件事之一：你可以咒骂、发愁、担心、抱怨或是想办法赚一点额外的钱，怎么做呢？想赚钱，只需找人们最需要而目前供应不足的东西。

（7）不要赌博。美国一名赌马的老手曾说过，根据他对赛马的所有认识，他无法从赌马中赚到钱。然而，每年有众多的傻子，在赛马中赌下无数的钱。这位赌马老手同时说，如果谁想毁灭他的敌人，再也没有比说服这位敌人去赌马更好的方法了。

（8）如果我们无法改善我们的经济情况，不妨宽恕自己；如果我们不可能改善我们的经济情况，也许我们可以改进心理态度。记住，其他人也有他们的财务烦恼，只是我们不知道而已。

美国历史上最著名的人物也有财务烦恼。林肯和华盛顿都必须向人借贷，才能启程前往首都就任总统。

要是我们得不到我们希望的东西，最好不要让忧虑和悔恨来困扰我们的生活。让我们原谅自己，学得豁达一点。

让我们记住：即使我们拥有整个世界，我们一天也只能吃三餐，一次也只能睡一张床——即使是一个挖水沟的工人也可如此享受，而且他们可能比洛克菲勒吃得更津津有味，睡得更安稳。

第八卷
鼓舞人心的剪贴本

"其实，在这个世界上的每个人都是一个财富的仓库，只不过你没有发现而已。"

——[美] 阿尔伯特·哈伯德

第一章　信念的力量

信念可以创造奇迹

我们常把信念看成是一些信条，而它就真的只能在口中说说而已。但是从最基本的观点来看，信念是一种指导原则和信仰，让我们明了人生的意义和方向，信念是人人可以支取，且取之不尽的；信念像一张早已安置好的滤网，过滤我们所看到的世界；信念也像脑子的指挥中枢，指挥我们的脑子，照着所相信的去看事情的变化。

可以说，信念是一切奇迹的根源。

在《信念》中，罗杰·罗尔斯是美国纽约州历史上第一位黑人州长，他出生在纽约声名狼藉的大沙头贫民窟。这里环境肮脏，充满暴力，是偷渡者和流浪汉的聚集地。在这儿出生的孩子，耳濡目染，他们从小逃学、打架、偷窃，甚至吸毒，长大后很少有人从事体面的职业。然而，罗杰·罗尔斯是个例外，他不仅考入了大学，而且还成了州长。

在就职记者招待会上，一位记者向他提问：是什么把你推向州长宝座的？面对300多名记者，罗尔斯对自己的奋斗史只字未提，只谈到了他上小学时的校长——皮尔·保罗。

1961年，皮尔·保罗被聘为诺必塔小学的董事兼校长。当时正值美国嬉皮士流行的时代，他走进大沙头诺必塔小学时，发现这儿的穷孩子比"迷惘的一代"还要无所事事。他们不与老师合作，旷课、斗殴，甚至砸烂教室的黑板。皮尔·保罗想了很多办法来引导他们，可是没有一个是奏效的。后来他发现这些孩子都很迷信，于是在他上课的时候就多了一项教学内容——给学生看手相。他用这个办法来鼓励学生。

当罗尔斯从窗台上跳下，伸着小手走向讲台时，皮尔·保罗说："我一看你修长的小拇指就知道，将来你会是纽约州的州长。"当时，罗尔斯大吃一惊，因为长这么大，只有他奶奶让他振奋过一次，说他可以成为 5 吨重小船的船长。这一次，皮尔·保罗先生竟说他可以成为纽约州州长，着实出乎他的预料。他记下了这句话，并且相信了它。

从那天起，"纽约州州长"就像一面旗帜激励着罗尔斯，他的衣服不再沾满泥土，他说话时也不再夹杂污言秽语。他开始挺直腰板儿走路，在以后的 40 多年间，他没有一天不按州长的身份要求自己。51 岁那年，他终于成了州长。

由上述例子可见，不是环境，也不是遭遇决定一个人的一生，而是要看他对这一切赋予什么样的意义。这不仅会决定他的现在，而且会决定他的未来。人生到底是以喜剧收场还是悲剧落幕，是丰丰富富的还是无声无息的，就全在于这个人持有什么样的信念。信念就像指南针和地图，指引我们去实现我们的人生目标。没有信念的人，就像少了马达、缺了方向盘的快艇，不能前进一步。所以人生在世，必须有信念的引导。信念会帮助你看到目标，鼓舞你去追求，激励你去创造你想要的人生。

我们对人类行为知道得越多，就越发现信念是影响我们的非凡力量。在美国，曾有这样一宗对精神分裂症的研究案例，一位具有双重人格的女性，她的血糖指标完全正常，但她坚持认为自已患有糖尿病，结果她的生理状况就真的显示出糖尿病的症状。

在类似的实验中，有许多人在催眠状况下接触一个冰块，然后告诉他们是一块烧红的金属，结果在其接触身体的部位就真的冒出了水疱。

以上的例子说明了一个事实，那就是信念的影响力量巨大。信念不断地把信息传给神经系统，造成期望的结果。所以，如果你相信会成功，信念就会鼓舞你走向成功；如果你相信会失败，信念也会让你经历失败。既然这两种信念都有很大力量，那么我们该拥有哪种信念，如何去培养它呢？

走向成功的第一步，就是知道我们的信念是可选择的。你可以选择束缚你的信念，也可以选择扶助你的信念。成功的要诀就在于，选择能引导你前进的信念，丢掉会扯你后腿的信念。

信念造就你的人生

做人最要紧的是心存信念，只要拥有信念，即便是身处寒冬，也能感受到春天的脚步正向你走来；如果没有信念，即便是生活在幸福的天堂，也会过得索然无味。看看我们身边的人，也许他青春年少，也许他身体强壮，也许他学富五车，也许他腰缠万贯，但是，这一切并不能代表他们的心一定是活着的。心已经死了，就算拥有一个健康青春的身体，做人也没有多大意义。只要拥有一个信念，那么心就不会死；心不死，思想就不会死；思想不死，人就永远是活跃、生动、前进的。不管我们的人生之路多么阴沉黑暗，我们绝不能容许自己有一丝一毫的动摇。

缺乏信念，会对周围的一切都抱否定的态度，会觉得一切都是虚无缥缈、毫无意义的，他们享受不到幸福与成功的感觉，久而久之，也会对自我产生否定。如果你总是自我评价过低，如果你总是贬低自己，当你和别人打交道时，就别指望对方会尊重你。因为人们通常不会尊重一个没有生活信念的人。

自我评价过低的人，很少能干成一件事情。你的成就不会超过你的期望。如果你期望自己能成功，如果你要求自己干一番事业，如果你对自己的工作有更大的抱负，那么，与自我贬低和对自己要求不高的人相比，你会更胜一筹。

如果你认为自己处境不利，如果你认为自己不如其他人，如果你认为自己不能获得别人那样的成就，那么你就无法克服前进道路上的重重阻碍。

不断地自我贬低的人，总是认为自己不过是活在尘世间的一条可怜虫，总是认为自己绝无可能取得任何成就的人，会给别人留下相应的印象，因为你认为自己怎么样，在别人看来你也就是那个样子。

你对自己，对自己的能力、地位、重要性和社会角色的评价，都会在你的表情上显现出来，都会从你的行为举止、言谈交往中显现出来。

如果你感觉自己非常平庸，你就会表现得非常平庸。如果你不尊重你自己，你会将这种感觉写在脸上。如果你自我感觉欠佳，如果你对自己总有喋喋不休的意见，那么，除了你将遵照你不断强调的这种认识行动外，你还能希望什么呢？还能期待什么呢？

如果你对自己的前途有更清醒的认识，如果你对自己有更大的信心，那么，你会取得丰硕成果。为什么你要畏首畏尾地追随别人，哭哭啼啼地做人家的跟屁虫呢？为什么你总是亦步亦趋地去模仿别人，而不敢求助于你本身的灵魂或思想呢？

　　信念是人的生命得以闪光的火花，信念的火花一旦熄灭，人的生命就不会再有闪光点了。人的生命如不以信念为依托，就会逐渐萎缩以至枯槁。

　　我们知道，平庸的思想远没有高尚的信念所产生的力量强大。如果你的信念已形成了高尚的自我评价，你身上所有的力量就会紧密地抱成一团，帮助你实现梦想。梦想总是跟着人的信念走，总是朝着生命确定的方向走的。

　　人的整个生命过程一直都在复制其心中的理想蓝图，一直都在复制其心中为自己描绘的画像。没有哪一个人会超越他的自我评价。如果天才相信他会变成一个白痴，并且他一直那么想，那他就真的会成为一个白痴。一个人目前的整体能力是不是很强并没有太大影响，因为他的自我评价将决定他的努力结果，决定他是否能取得成功。一个对自己信心很强但能力平平的人所取得的成就，常常比一个具有卓越才能但信心不足的人要多得多。

　　一个人生活的意义、生命的意义，全在于信念的意义。信念的核心意义就是：激活人的生命并为生活增强信心。所以，生命的闪光其实是信念的闪光，生命的可贵其实也是信念的可贵。

第二章　真诚的种子

真诚的作用

人是很容易被感动的，而感动一个人靠的未必都是慷慨的施舍、巨大的投入。往往一句热情的问候、一个温馨的微笑，就足以唤醒一颗冷漠的心。

哈佛刚毕业的女大学生乔瑟琳到一家公司应聘财务会计工作，面试时即遭到拒绝，因为她太年轻，她说："请再给我一次机会，让我参加完笔试。"主考官看她很真诚，答应了她的请求。结果，她通过了笔试，由人事经理亲自复试。

通过交谈，人事经理知道她没有工作经验，便直接说："今天就到这里，如有消息我会打电话通知你。"乔瑟琳从座位上站起来，向人事经理点点头，从口袋里掏出一美元双手递给人事经理："不管是否录取，请都给我打个电话。"

人事经理问："你怎么知道我不给没有录用的人打电话？"

"您刚才说有消息就打，那言下之意就是没录取就不打了。"

人事经理对年轻的乔瑟琳产生了浓厚的兴趣，问："如果你没被录用，我打电话，你想知道些什么呢？"

"请告诉我，什么地方不能达到你们的要求，我在哪方面不够好，我好改进。"

"那一美元……"

没等人事经理说完，乔瑟琳微笑着解释道："给没有被录用的人打电话不属于公司的正常开支，所以由我付电话费，请你一定打。"

人事经理马上微笑着说："我现在就正式通知你，你被录用了。"

由此可见，有时一个人的真诚可以击败许多不幸。因为对于人的生命而言，要生存，只需简单的衣食足矣。但对于事业，就需要宽广的胸怀、不屈服的意志。这就是真诚的魔力。

只要真诚，总能打动人

一个人只要真诚，总能打动人。以诚待人，能够在人与人之间架起一座信任的心灵之桥，通往对方心灵彼岸，从而消除猜疑、戒备心理，彼此成为知心朋友。

一个富翁假装生病住进了医院。过了几天，他痛苦地向医生倾诉："很多人都来医院看我。但我看得出，我的亲人们是为分配我的遗产而来的；与我有来往的那些朋友，不过是当作一种例行的应酬罢了；还有几个平素与我不和睦的人，我想他们是听到我病重的消息来看热闹的……"

医生反问道："为什么你总是苦于测试别人对自己是否真诚，而从来不测试自己是否对别人真诚呢？"

富翁哑然无语。

凡是动了测试念头的，大都是一些疑心很重又自以为是的人。他们怀疑友谊的真诚、亲人的牵念、爱人的忠贞，绞尽脑汁地设计出种种"圈套"让自己最亲近的人去钻，弄得自己痛苦，别人难受。

真诚乃为人的根本。那些取得巨大成就的人都有许多共同的特点，其中之一就是为人真诚。道理其实很简单，如果你是一个真诚的人，人们就会了解你、相信你，不论在什么情况下，人们都知道你不会掩饰、不会推托，都知道你说的是实话，都乐于同你接近，因此也就容易获得好人缘。

美国心理学家安德森曾经做过一个试验，他制定了一张表，列出 550 个描写人的品性的形容词，让大学生们指出他们所喜欢的品质。试验结果明显表明，大学生们评价最高的性格品质不是别的，正是"真诚"。在 8 个评价最高的形容词中，竟有 6 个（真诚的、诚实的、忠实的、真实的、信得过的和可靠的）与真诚有关，而评价最低的品质是说谎、作假和不老实。

安德森的这个研究结果具有现实意义。在交往中，人们总是喜欢诚恳可靠的人，而痛恨和提防口是心非、虚伪阴险的人。真诚无私的品质能使一个外表毫无魅力的人增添许多内在的吸引力。人格魅力的基点就是真诚。待人心眼实一点、守信一点，能更多地获得他人的信赖、理解，能得到更多的支持、帮助和合作，从而获得更多的成功机遇，最后将会脱颖而出，点燃闪亮人生。

心理学研究指出，任何人的内心深处都有隐藏的一面，同时又有开放的一面，希望获得他人的理解和信任。不过，开放是定向的，即只向自己信得过的人开放。以诚待人，能够获得人们的信任，发现一个开放的心灵，经过努力得到一位用全部身心帮助自己的朋友，这就是用真诚换来真诚。如果人们在发展人际关系、与人打交道时，去除防备、猜疑的心理，代之以真诚，那么就能获得出乎意料的好结果。

以诚待人必须光明正大、坦荡无私，一旦发现对方有什么缺点和错误，尤其是有关他的事业的缺点和错误，要及时地加以指出，并督促其改正。尽管人们都不喜欢被别人批评，但只要你是站在对方的立场上替对方着想，便能得到理解和接受，使彼此心灵得以沟通，使友情得到发展。

当然，以诚待人，应当知人而交，当你抛出赤诚之心时，应看看站在面前的是何许人也，不应该对不可信赖的人敞开心扉。否则，将会适得其反。

英国专门研究人际关系的卡斯利博士这样指出：大多数人选择朋友是以对方是否出于真诚而决定的。人与人之间融洽的感情是心的交流。肝胆相照，赤诚相见，才会心心相印。岁月的流逝，时代的变迁，并没有减弱"真诚"在友谊宫殿中的光泽。

我们应心中充满真诚，离开了真诚则无友谊可言。一个真诚的心声，才能唤起一大群真诚人的共鸣。要做到对人真诚并不难，重要的是对人感兴趣，并真挚地关心别人。

第三章　勇敢的心灵

开放的心灵才会勇敢

开放的心灵才能自由自在，才会变得更加勇敢。

如果你的心灵过于封闭，不能接纳别人新的观念，就等于锁上了一扇门，从而禁锢了你自己的心灵。

一百多年前，莱特兄弟尝试飞行时，受到旁人的嘲笑；不久之后，林白成功地飞越大西洋。到现在，如果有人预言人类将移民到月球上，很少有人会怀疑它的可行性。故步自封的人将会受到后人的轻视。

封闭的心像一池死水，永远没有机会进步。拥有开放的心，你才能充分利用成功的第一法则：一个人只要对自己的信念坚定不移，就没有做不到的事情。思想开明的人，在各行各业都能有杰出的表现，而故步自封的愚者仍然高声喊着："不可能！"你应该善用自己的能力。你是否常说"我会"及"我做得到"，或者只会说"没办法"，而在此时别人已经做到了。你必须对自己、对你的伙伴、对整个宇宙都有信心，只有如此你才能拥有开放的心。

迷信的时代已经过去了，但偏见的阴影依然笼罩着。好好检讨你的个性，就能够拨云见日。你的决定是否理性并合乎逻辑，且不会受到情绪及偏见的影响？对于别人的言论，你是否专注地倾听及思考？你是否求证事实，而不相信道听途说及谣言？

人类的心灵必须不断地接受新思想的洗礼和冲击，否则就会枯萎。作战时常利用洗脑的方式，改造敌人的思想。彻底孤立一个人，切断书籍、报纸、收音机、电视等所有外界的资讯来源。在此种情况下，智慧因为缺乏营养而死亡，能使一个人的意志力迅速崩溃。

你是否把自己的心灵关在社会及文化的营地之外？你是否有意地阻碍自己所有的成功思想？若是如此，现在就是扫除偏见的时候。让智慧增长，打开你的心，让它自由。唯有如此，你才会获得追求成功的勇气。

自信会使你变得勇敢

西方流传着一个故事，一个穷人为农场主搬东西的时候，失手打碎了一个花瓶。农场主要穷人赔，穷人哪里能赔得起？

穷人被逼无奈，只好去教堂向神父讨主意。神父说："听说有一种能将破碎的花瓶粘起来的技术，你不如去学这种技术，只要将农场主的花瓶粘得完好如初，不就可以了吗？"穷人听了直摇头，说："哪里会有这样神奇的技术？将一个破花瓶粘得完好如初，这是不可能的。"神父说："这样吧，教堂后面有个石壁，上帝就待在那里，只要你对着石壁大声说话，上帝就会答应你的。"

于是，穷人来到石壁前说："上帝请您帮助我，只要您帮助我，我相信我能将花瓶粘好。"话音刚落，上帝回答了他："能将花瓶粘好。"于是穷人信心百倍，辞别神父，去学粘花瓶的技术去了。

一年以后，这个穷人通过不懈的努力，终于掌握了将碎花瓶粘得天衣无缝的本领。他真的将碎花瓶粘得像没破时一样，还给了农场主。他想感谢上帝，于是又去了教堂。神父将他领到了那座石壁前，笑着说："你不用感谢上帝，你要感谢就感谢你自己吧。因为是你的自信使你变得有勇气去完成以前你认为不可能完成的事情。你就是你自己的上帝。"信心是所有人成就自己强项的基础。在你自信能完成一件事情的时候，会有一种巨大的力量。对自己有极大信心的人不会怀疑自己是否处在合适的位置上，不会怀疑自己的能力，更不会担心自己的未来。

　　处于信心庇护下的人，能从束缚、担忧和焦虑中解放出来。你有行动的自由，你的能力就可以自由发挥，而这两种自由对取得巨大成就是必不可少的。你的思想受到担忧、焦虑、恐惧或无把握感的束缚和妨碍时，你的大脑就不能有效地指挥你去完成工作。同样，当你的身体受到束缚时，你的身体机能也不可能最有效率地开展工作。对绝佳的脑力工作而言，思想的自由是绝对不可少的。不确定感和怀疑心态是集中心志的两大敌人，而集中心志是一切成就的秘密所在。

　　信心是一块伟大的基石。在人们做出努力的所有方面，信心都能造就奇迹。正是信心使你的力量倍增，更使你的才能增加数倍；而如果没有信心，你将一事无成。即使你是一个强有力的人，一旦你对自己或对自己的才能失去信心，那你就会被剥夺一切力量，变得不堪一击。

　　信心是主观和客观之间，或者说是你的灵魂与肉体之间的一个巨大的联系环节。信心能开启守卫生命真正源泉的大门，正是借助你的自信，你才能发现你是多么勇敢。

　　你的人生是辉煌还是平庸，是伟大还是渺小，与你自信的远见和力量成正比。有时候你会不"相信"你的信心，因为你不知道信心为何物。信心其实是一种精神或心理能力，这种东西不能被猜测、想象或怀疑，但能被感知；它能洞悉全部人生之路，而其他的心理能力则只能看到眼前，不能深谋远虑。

信心能提升你的素质，对你的理想也有十分重大的影响。信心能使你站得更高，看得更远，能使你站在高山之巅，眺望远方，看到充满希望的大地。信心是"真理和智慧之光"。

导致那些伟大发现的往往是高贵的信心而非任何怀疑畏难情绪。是信心，是高贵的信心一直在造就伟大的发明家和工程师，以及各行各业辛勤努力而又成绩斐然的人。

那些对将来丝毫不存恐惧之心的年轻人往往都是深信自己能力的人。自信不仅是困难的克星，而且还是贫穷的敌人，是摆脱贫穷最好的资本。无资财但有巨大自信心的人往往能鬼斧神工般地创造奇迹，而光有资财无信心的人则常常招致失败。

如果你相信自己，那么与你贬损自己、缺乏信心相比，你更可能取得巨大的成就。

如果你能衡量自己的信心大小，那么，你便能据此很好地估计自己的前途。信心不足的人不可能发掘强项，不可能成就大事。如果你的信心极弱，那你的努力程度也就微乎其微。

哈伯德曾经说过："如果仅抱着微小的希望，那么也就只能产生微小的结果。"人是有着无限力量的，当你发挥出你的个性时，最能使人生有所发展。你的能力都深深地埋在地下，若能把它挖掘出来，发展下去，人生就会有惊人的发展，不可能的事也会陆陆续续地变成可能。但是，这要看你是否有勇气选择自己应该走的路。而这种勇气就来自你的信心。你有了某种决心，并且相信有实现的可能性时，各方面的东西都会动起来，把你推向实现的方向。

　　不管你现在处在何种恶劣的环境中，都不要被环境打垮，而是要更加努力奋发，向着更大的目标挑战。竞争时代，适者生存，同时也为每个人提供了广阔的舞台，只有知难而进，用自己的心去走路，踏踏实实地一步一个脚印地走，才能挖出自身的价值，创造出属于自己的一片天地。

第四章 创新的价值

创新是走向成功的必由之路

创新是文明进化永恒的动力。人类的文明史，就是不断创新的过程。每一次重大创新的出现，都宣告了一个旧时代的结束和一个新时代的开始。

火药把骑士阶层炸得粉碎；指南针打开了世界市场并建立了殖民地；而印刷术则变成了新教的工具，总的说来变成了科学复兴的手段，变成了为精神发展创造必要前提的最强大的杠杆；纸的发明则使知识不再为少数人所垄断，它使知识得以迅速传播普及；电脑与网络的发明与普及又使人类进入了信息时代。

历史的发展表明，一个民族或国家如果善于创新就发展迅速，就日益强大；如果因循守旧，就日渐衰落，在世界上就会处于被动挨打的地位。

民族与国家的经济竞争实际上是创新能力和创新规模的竞争。创新是一个民族最重要的素质，是一个国家永立世界之林的可靠保证。同时也是一个民族进步的灵魂，是一个国家兴旺发达的不竭动力。

人类社会的发展史证明，创新能力是科技与社会发展的决定性力量。没有创新能力的人，不可能开拓进取；没有创新精神的民族，难以实现繁荣和持续发展；没有创新发展的时代，必将暗淡而平庸。

拿破仑·希尔认为：创新是一种力量，是幸福的源泉；英国著名哲学家罗素则把创新看作是"快乐的生活"；苏联教育家苏霍姆林斯基说：创新是生活中最大的乐趣，幸福是在创新中诞生的；阿尔伯特·哈伯德也认为：创新是走向成功的必由之路。

世界上因创新而成功的人数不胜数。

美国实业家罗宾·维勒就是一例，他的成功秘诀是"永远做一个不向现实妥协的叛逆者"。

维勒经营着一家小规模的皮鞋场，只有十几个雇工。他很清楚自己的工场规模小，要挣到大钱是很困难的。资本少、规模小、人力资源又不够，无论从哪一方面都不能和强大的同行相抗衡。那么，怎样改变这种局面呢？

维勒在皮鞋款式上下了许多功夫。他想只要自己能够设计出新花样、新款式，不断变换，不断创新，就可以为自己打开一条新的出路。

他召集工场的十几个工人开了个皮鞋款式改革会议，并要求他们各尽所能地设计新款鞋样。

维勒还特设了一个奖励办法：凡设计出的样式被公司采用者，可得到 1 000 美元的奖励；若是通过改良被采用的，奖励 500 美元；即使没被采用，但别具匠心的仍可获得 100 美元。

维勒的这一办法果然奏效，没过多久被采用的 3 款鞋样便试行生产了，当然这 3 名设计者也分别得到了应得的 1 000 美元的奖励。

第一批生产出的产品，被送往各大城市进行推销，顾客都很欣赏这些款式新颖的皮鞋，这些皮鞋在很短时间内便被抢购一空。

两个星期后，维勒的工场便收到了 2 700 多份订单，这使得工人们必须加班加点。维勒的生意越做越大，公司已在原来的规模上，扩充成 18 间规模庞大的工场了。

然而，这又促使了新的危机的产生，当皮鞋工场一多起来，做皮鞋的技工便显得供不应求了。其他的工场都出重资挽留自己的工人，即使维勒提高工资也难以把工人从其他工场拉过来。没有工人，工场将难以维持，这是最令维勒头疼的事了。他接了不少订单，但若在规定的期限内交不上货，那么他将赔偿巨额的违约金。维勒为此煞费脑筋。他召集 18 家皮鞋工场的工人开了一次会议。他坚信，众人协力定能把问题解决。

维勒把没有工人的难题告知大家，并宣布了创新的奖励办法。会场陷入了寂静，人们都在埋头苦想。过了片刻，一个不起眼的毛头小伙举起了右手，在维勒应允后，他站起来发言："罗宾先生，没有工人，我们可以用机器来造皮鞋。"维勒还未表态，底下就有人嘲讽说："小子，用什么机器造鞋呀？你能给我们造台这样的机器吗？"那小工听了，怯生生地坐回了原位。

这时维勒却走到了他的身旁，然后挽着他的手把他拉到了主席台上，朗声向大家宣布："诸位，这个孩子说得很对，虽然他还造不出这种机器，但这个想法很重要、很有用处。只要我们沿着这个思路想下去，问题肯定会很快解决的。我们不能永远安于现状，不能把思维局限于既定的框架之中，这样我们才能不断地创新。现在，我宣布这个孩子可获得 500 美元奖金。"

通过 4 个多月的研究和实验，维勒的皮鞋工场中的很大一部分工作已经被机器取代了。

最终，罗宾·维勒成为美国商业界的一大奇才。他的成功告诉我们：创新是企业与个人成功的捷径，只有那些独具创新能力和创新精神的人，才能真正抵达成功的彼岸。

第九卷
不要听别人的话

"我们不能指望从别人那里寻求到解决自身问题的方法，其实，一切答案都在自己的头脑当中。当我陷于迷惑、痛苦的时候，我绝不听别人的话，而且烦恼越大就越不能听别人的话。"

——［日］堀场雅夫

第一章　道听途说不可信

不要盲目听信别人的话

印度有句谚语说："不能听信不相信我们的人的话，相信我们的人的话也不能完全听信，这样一来就可以连根拔除盲目听信中产生的危险。"

这句谚语是教我们不要盲目听信别人的话。

在我们生存的社会中，经常会飘荡着各种各样的"杂音"，散播着种种"小道消息"。有的人甚至专门以经营此道为生，整日对此津津乐道。人多嘴杂，以讹传讹，事情的真相就会被掩盖。如果不加辨别，必将上当受骗。

在我们周围，相信传言的大有人在。大至国家大事，小到个人私事，总有一些毫无根据的谣传，也总有一些人轻信上当。结果，凭空给自己增加烦恼，或者造成更大的灾祸。

比如有的政府为改善国民生活条件，提高生活水平，决定大幅度降低化纤品的出售价格，同时提高一些棉织品的价格。这对人民群众来说，无疑是一个福音。可是，不久流言就传出来了，说棉织品一涨价，别的农产品也要提价。稍有常识的人都会看出，这是毫无根据的谣言。但不少人仍然信以为真，居然大肆抢购各类农产品。如此一来，不少人便因大量积压农产品而吃尽苦头。

盲目轻信别人的话，就会使自己上当，后悔不及。古时候有这样一则故事：从前秦惠王准备伐蜀，但蜀道艰难，进攻不易。有个蜀侯，生性贪婪而且轻信，秦惠王听说他有这个特点，就凿了一头石牛，在石牛身上放满了金银珠宝，并宣称这是石牛屙出来的，准备要把它送给蜀国。蜀侯竟然信以为真，便派人修通大道，迎接石牛。于是，秦国大军得以长驱直入，一举灭蜀。

　　世间事，真相和假象、现象和本质、说的和做的、明的和暗的，有时可能正好相反。世上话，有人把笑话说成真话，有人把真话说成笑话，也有人为了说笑话而说笑话，更有真话假说或假话真说，对此不可不察。

　　有的人听张三说一句："李四说了你的坏话。"马上信以为真，上门讨理，或者听李四说："我在领导面前为你美言了几句。"于是立即对李四感恩戴德。

　　这些人的致命弱点就在于，从来不动脑子想一想别人所说的话是否合乎道理，是否符合实际，更不去做一番调查，看看到底是真是假。他们完全失去了对事物的分辨能力，好像脑袋长在别人的肩膀上，一切都按别人的指挥办事。如此一来，哪能不吃亏呢？看来，别人的话还是不要盲目地听信为好，否则，你就可能吃亏上当。

第二章　做你喜欢做的事

做你想做的事

一个人要获得成功，无论他身处哪一个特定的行业，在一定程度上都取决于他是否具备该行业所要求的特长。

没有出色的音乐天赋，你很难成为一名优秀的音乐教师；没有很强的动手能力，你很难在机械领域游刃有余；没有机智老练的经商头脑，你也很难成为一名成功的商人。但是，即使你具备某种特长，也并不保证你就一定能够成功。

在追求成功的过程中，你所拥有的各种才能就如同工具。好的工具固然必不可少，但是能否正确地使用工具同样非常重要。有人可以只用一把锋利的锯子、一把直角尺和一个很好的刨子，就能做出一件漂亮的家具，也有人使用同样的工具却只能仿制出一件拙劣的产品。原因在于后者不懂得如何善用这些精良的工具。你所具备的才能如同工具，你必须在工作中善用它们，充分发挥其作用，方能事业有成。

当然，如果你拥有某一个行业所需要的卓越才能，那么，从事这个行业的工作，你会比别人更容易成功。一般说来，处在能够发挥自己特长的行业里，你会干得更出色，因为你天生就适合干这一行。但是，这种说法具有一定的局限性。任何人都不应该认为，适合自己的职业只能受限于某些与生俱来的资质，无法做更多的选择。

从事任何行业你都有机会成功。即使你没有某一行业所需要的天赋，你仍可以培养和发展相应的才干。这仅仅意味着随着你的成长，你需要去制造自己的"工具"，而不是仅仅使用某些与生俱来的、现成的"工具"。的确，如果你具备某些优秀的特长，那么，在需要这些特长的行业中，你会更容易取得成功。但是，在任何行业里，你都有取得成功的潜能，因为你可以培养和发展任何工作所需要的基本才干。一个正常人与生俱来的素质和潜能，可以帮助他通过学习获得任何工作所需的基本能力。

做你最擅长的事，并且勤奋地工作，当然这是最容易取得成功的。但是，只有做你想做的事，成功后才能获得最大的满足感。

生命的真正意义在于能做自己想做的事情。如果我们总是被迫去做自己不喜欢的事情，却不能做自己想做的事情，我们就不可能拥有真正幸福的生活。可以肯定，每个人都可以并且有能力做自己想做的事，想做某件事情的愿望本身就说明你具备相应的才能或潜质。心中的渴望就是力量的体现。

如果你内心有演奏音乐的渴望，这说明你所具有的演奏音乐的技能在寻求表述和发展；如果你内心有发明机械设备的渴望，这说明，你所具有的机械方面的技能在寻求表述和发展。

如果你没有能力做某件事，你就绝不会产生去做这件事的渴望；如果你具有想做某件事情的强烈愿望，这本身就可以证明，你在这方面具有很强的能力或潜能。你所要做的，就是去发展它，并正确地运用它。

在其他所有条件相同的情况下，最好选择进入一个能够充分发挥自己特长的行业；但是，如果你对某个职业怀有强烈的愿望，那么，你应该遵循愿望的指引，选择这个职业作为你最终的职业目标。

做自己想做的事情，做最符合自己个性、令自己满意愉悦的工作，这是你天生的权利，也是你获得成功的基础。

做你喜欢做的事

每个人都必须当机立断，去做自己喜欢做的事情，我们每个人每天都有许多事可做，但有一条原则不能变，那就是一定要做你最喜欢做的事。

很多人在寻找工作的时候，都不知道自己要做什么，或是逼迫自己硬着头皮去做一些自己不喜欢做的事，这是一件很可悲的事。

很多年前，一位名人讲过一句话："你一定要做自己喜欢做的事情，才会有所成就。"

做你自己喜欢做的事情，其实是很困难的。大多数的人，多半都在做他们讨厌的工作，却又必须逼迫自己把讨厌的事情做到最好。他们经常失去动力，时常遇到事业的瓶颈，而没有办法突破，他们不断地征求别人的意见，却还是照着一般的生活方式在进行。这些当然不是他们想要的，但是由于种种原因，他们当中很少有人试着去改变自己的状况。其实，要找到自己真正喜欢的工作，只需要把自己认为理想和完美的工作条件列出来，就一目了然了。罗克便是这样找到自己喜欢的工作的。

运动和数学一直是罗克很喜欢做的两件事。从小到大，罗克一直是运动健将，不仅担任过体育部部长和篮球、乒乓球队长，也是校田径队的杰出运动员。罗克曾经想过要如何把兴趣发展成职业，也曾经梦想成为世界冠军。

罗克不断地问自己："这些真的是自己想要的吗？我愿意把运动当成自己一辈子的事业吗？"后来罗克告诉自己："靠体力过生活，并不是我真正喜欢的生活，虽然我非常喜欢运动。"

在高中和大学的时候，罗克的数学成绩一直都名列前茅，他也曾经想过，要当一位数学教授。

决定要做这件事之前，罗克列出了一张自己心目中认为的理想和完美工作的条件表，这些条件包括：

第一，时间一定是由他自己掌握。

第二，要能不断地接触人，因为他喜欢人群。

第三，必定对社会有所贡献。

第四，可以环游世界。

第五，必须能够不断地学习与成长。

第六，必须能够不断地建立新的人际关系，可以跟一些成功的朋友交往。

第七，收入的状况可以由他的努力来控制。

罗克发现，当一位数学教授并不能达到他理想的工作条件，于是，他又开始寻找另一个可以当成他终生事业的工作。

17岁的时候，罗克接触了汽车销售业，因为他很喜欢车子，他想自己应该可以做得不错；真正进入了这个行业之后，他发现这个行业有非常大的特色，但是他的个性似乎并不适合，于是，他又转行了。

从16岁到21岁，罗克陆陆续续换了18种不同的工作，可是每次换工作之前，他从来都没有仔细想过："自己到底要的是什么？"直到他把那些理想和完美的工作条件列出来以后，他才发现，自己有一个特点，就是从小到大一直很热心，很喜欢帮助别人，同学数学不会，他很喜欢教他；别人篮球打得不好，他会自告奋勇去教他。因为罗克相信，只要自己可以，别人一定也做得到。

一个很偶然的机会，罗克参加了一个激发心灵潜力的课程，这给了他非常大的震撼。

罗克发现，自己上了那么多的课程，学习了那么多的资讯，却没有任何一个课程比得上他的老师安东尼·罗宾在短短的 8 小时当中，所分享给他的那么多。

罗克想，假如他以后也能做别人所做的事情，把一些真正对人们有帮助的资讯，不管用何种渠道，书籍、录音带或是录像带，分享给想要获得这些资讯的人，那该有多好。罗克发现，这个工作完全符合他所列出来的理想和完美工作的条件，当他了解到这件事以后，他知道这就是他毕业寻找的方向。经过了七八年的坚持，他终于可以在心理学界崭露头角，让非常多的人得到非常具体的帮助。

如何让自己变成一位成功者呢？我们必须研究成功的人是如何思考的，他们采取什么样的行动，有什么样的想法。他们如何让自己更上一层楼，他们结交什么样的朋友，在他们还没有成功之前，他们到底付出了多大的代价和努力？当他们面临失败和巨大挑战的时候，又是如何坚持到底的？但有一点可以明确，这些成功者取得成功的原因归根结底只有一个，那就是：把要做的事做得最好。

第三章　开发自己的能力

全面培养自己的能力

一位美国学者指出，一名成功者至少必须具备 8 种能力。他的观点得到了世界学者的广泛认同。

1. 洞察能力

洞察力即一个人多方面观察事物、从多种现象中把握其核心的能力。缺乏洞察力的决策者，会浪费宝贵的资金和人力，因为他无法抓住问题的根本，因此无法制定有效的方案。而一个具有创造性洞察力的人，在生意场上往往能取得成功。

2. 远见能力

具有远见的人能在内心里从已知推断未知，综合运用事实、数字、梦想、机会甚至危险等因素进行创业活动，他不会为眼前的蝇头小利所吸引，不会为目前的困难所吓倒，而是在心中始终怀有远大的目标。

3. 概念性能力

概念性能力即抽象能力，也即一般分析能力、逻辑思考能力。具有这种能力的人，善于形成概念，即将复杂的关系概念化。在构思和解决问题时有创意，能分析事物和捕捉其趋势，预测其变化，具有确认机会及潜在问题的能力。

概念性能力是有效地计划、组织、协调、制定政策、解决问题和确定发展方向的基础。

4. 技术能力

技术能力是指一个人在进行某种特定活动的过程中所运用的方法、程序、过程和技术等知识，以及运用有关的工具、设备的能力。

干大事业者必须具备技术能力。一个人只有具备了技术能力，才能在立业的过程中训练和指导下属，才能处变不惊，从容应对困难。这种能力最实在，也最容易获得。在正规教育中，一些专业如会计、营销、法律、计算机、外语等均有这方面的训练，此外还可通过社会上众多的培训班及经验获得。

5. 集中的能力

社会生活中发生的一切事情或情况，都会有助于或影响到一个人所进行的工作。集中能力可以使你把可用的资源集中用于最有效的部分，避免不分主次、盲目从事。

6. 忍耐能力

我们要想取得成功，就一定要有超越别人的想法和行动，并有决心献身于自己事业的未来。只有对自己的长期目标深信不疑并极有耐心地长期努力，目标才能实现。

7. 交际能力

交际能力可以说是人际关系能力的简称，人际关系能力是一个人立于世所不可缺少的。一个人要想在现代社会立足，就必须与上司、下属、同行及外界人士等形形色色的人打交道，因此，不能少了这种能力。

8. 应变能力

应变能力是一种很难得的技能，它能使你事先预测应该注意的目标，而不是企业正面临的问题。它能使你从容应对创业过程中出现的种种不曾预见或意想不到的情况，顺利适应各种变化。

现代人置身于各种不同的社会环境和各种不同的组织内，且许多影响社会环境的因素是不断变化的，因此，你应该根据自身的实际情况，采用不同的方式，有目的、有侧重地全面提高自己的综合能力，以适应新时代的要求。

那么，应该如何培养上述能力呢？至少应该从以下 3 个方面努力：

（1）自省。要修炼自我，必须乐于自省，严于"解剖"自己。这是自身修养的手段，也是通过修养而达到的一种习惯美德。乐于自省的人是在工作、生活中深思熟虑的人。乐于自省是一个人自觉性的表现，能这样做，其进步必然快。古人云："反己者，触事皆成药石。"一个人只要多反省自己，任何事都可以变成自己的借鉴，作为自己行为的标准，不断总结经验教训，提高自己。

（2）自控。自控是控制自己的感情和情绪，控制自己的行为，使自己的行为以最适当的方式进行。自控力强有气质、性格上的因素，但主要是后天实践、修养的结果。见多识广，看通看透，理性明智，再加上心底无私天地宽，自然能处变不惊，能容常人难容之事，善待常人难待之人。

对于自控和自省素质的培养，应多从实践中学习，严格要求自己，不断锤炼，逐步建立起优良的个人风范。

（3）多读书、多实践、多思考。读书是生活中最值得也最合算的投资，支出少，收获大。读书可以明理，可以开阔视野，可以启迪思维，也可以指导工作。有些书籍似乎与你的工作没有多大联系，但其中闪烁的智慧和思想会潜移默化地推动你的智慧的发展。从长期看，多读书有助于提高一个人的综合素质。当然，"纸上得来终觉浅，绝知此事要躬行"。要熟悉、掌握经营事业的特点和规律，必须在长期的管理实践中反复锤炼。实践出人才，只有在实践的过程中经过检验，有能力的人才能被信任和赏识。多思考可以帮助我们从书本上总结知识和经验，并把这些知识和经验变成自己的智慧，为我所用。读书和实践的意义也就在于此。多思考与多实践、多读书相辅相成，缺一不可。

第十卷
爱 的 能 力

"爱是一种能力，是一种能去爱并能唤起爱的能力。"

——［美］艾伦·弗罗姆

第一章　爱的本质

爱是一种能力

艾伦·弗罗姆说："爱是一种能力，是一种能去爱并能唤起爱的能力。"

是的，如果不是心中充满阳光，如何能予人温暖？如果不是心中充满仁慈，如何能予人感动？如果不是心中充满真爱，又如何能予人幸福？只有拥有一颗既能被他人感动，同时又能感动他人的心灵，才是真正可贵和可爱的。你必须先在内心深处感受到爱，然后才能爱其他的人。爱的定义有千万种，它是无条件地接受，也是无条件地付出。爱是对善的追求，爱使人摆脱恐惧。有爱就能心生和谐。爱是自然无价的，它不是理论，也没有要求；既无分别，也无须衡量。爱是单纯的感情、无价的温馨。有位科学家曾说过："人类在探索太空、征服自然之后，终将会发现自己还有一种更大的能力，那就是爱的力量，当这天来临时，人类的文明将迈向一个新纪元。"爱，是人们的情感表现，也是人们普遍存在的心理需要。

日本一家事务所想购买一块地皮，但被地皮的主人——一位性格倔强的孀居老太太一口拒绝。一个天寒地冻的下午，老太太恰好经过这家事务所的门前，她想顺便劝那个总经理"死了这条心"。她推开门，发现里面收拾得十分整齐干净。她觉得自己穿着脏木屐走进去很不合适，正当她犹豫不决时，一位年轻的姑娘笑容满面地迎上来。姑娘毫不犹豫地脱下自己的拖鞋给老太太穿，然后像亲孙女一样搀扶着老太太慢慢上楼。穿着带有姑娘体温的拖鞋，老太太瞬间改变了坚决不卖地皮的初衷。

这位姑娘并不认识老太太，而且她也看出来老太太既不是来洽谈业务的客户，也不是来视察的政府官员。给予每一位来访者体贴和关怀，也许仅仅是出于一种职业的需要，但里面包含了她善待任何一个人的爱心。

爱，在繁体字中是有"心"的，这有着很深的含义，爱从自己的心发出，然后流到别人的心里，在人与人之间搭建起一条长长的爱心之桥。爱，往往会起到意想不到的力量。

如果我们每个人都能爱护自己，爱护自己善良、朴实的天性，爱护自己懂得爱并珍视爱的心灵，让自己的内心始终保持一块纯净生动、仁爱无私的净土，永不放弃对真诚的情感、对善良人性、对美好人生的毫不犹豫的、执着坚定的追求，即使我们不能使所有人的世界变得更美好，至少也可以使自己的世界更美好。

相信这个世界上还有爱，加入那个传播爱的队伍，你慢慢就会发现，爱拥有传染的魔力，它可以波及任何人的心灵，即使是那些所谓的坏人，在他们灵魂的深处也还保留着一块温软的园地，可以感受爱，可以感动。就像一首歌里唱的那样："只要人人都献出一点爱，世界将变成美好的人间。"谁不愿意生活在美好的世界里呢？所以在我们的生活中，你经常能够看到各种的"献爱心送温暖"活动，因为在大家的心中还有爱，爱心让这个世界充满了温暖。

爱是不朽的

　　爱是一种人类心灵中最恒久的激情，这种激情从古至今一直是文学创作的动力和催化剂。从古至今，人类不知产生过多少歌颂伟大的爱的诗篇，数也数不清；从古至今，人类产生过多少伟大的爱情，也无法统计。我们能得到的唯一答案就是：

　　爱是不朽的。

　　1911 年春天，一个阴郁的黄昏，在智利中部的小城拉塞雷纳街头，突然响起了枪声。随着枪声，倒下了一个年轻的小伙子。他手中握着一支手枪，发热的枪管还在冒烟。年轻人失神的眼睛怅望着天空，脸上笼罩着悲伤和绝望。

　　人们在他的衣袋里发现了一张明信片，明信片上有他的名字：罗梅里奥·乌雷特。这张明信片的收件人是一位姑娘，名字是加夫列拉·米斯特拉尔。谁也不会想到，这一出爱情的悲剧，会成为一个伟大诗人走向文学的起因和开端。加夫列拉·米斯特拉尔，三十多年后登上诺贝尔文学奖的领奖台，成为"拉丁美洲的精神皇后"，成为闻名世界的诗人。

　　虽然乌雷特抛弃了她，但他的死在米斯特拉尔的心里也留下了难以愈合的创伤。在哀伤和痛苦中，米斯特拉尔找到了倾吐感情、诠释灵魂创痛的渠道：写诗。她创作了怀念尤瑞塔的《死的十四行诗》，诗中那种刻骨铭心的爱，那种发自灵魂深处的真情，使所有读到它的人都为之心颤。她以这组诗参加圣地亚哥的"花节诗歌比赛"，荣获第一名。人们由此记住了她的诗，记住了她的名字。

作为一个杰出的诗人，米斯特拉尔并没有无止境地沉浸在个人的哀痛中，由痛苦而产生的爱，如同在风雨中萌芽的种子，在她的心中长成了一棵枝叶茂盛的大树。

这棵大树向世人散发出智慧的馨香和博爱的光芒。米斯特拉尔在她的诗歌中讴歌男女间的爱情，也歌颂母亲和母爱，歌颂孩子和童心，歌颂气象万千的大自然，她把爱的光芒辐射到辽阔的地域。她的诗歌流露出女性的温柔和细腻，表现出悲天悯人的博大情怀。爱人，爱生活，爱自然，这些就是她的诗歌的永恒主题。在她的散文诗《母亲的诗》中，她把一个女人从十月怀胎到生下孩子的过程和柔情描写得婉转曲折，动人心魄。读这样的文字，能使人感受到一颗善良的母亲之心是多么美丽动人。在她之前，大概还没有一个作家把女人的这种体验表现得如此深刻，如此淋漓尽致。发人深思的是，写出这作品的诗人，自己并没有生过孩子，没有当过母亲。其实，其中没有什么秘密，因为米斯特拉尔胸中拥有作为一个女性的所有爱心。

1945 年，米斯特拉尔获得了诺贝尔文学奖，颁奖词是这样说的："她那由强烈感情孕育而成的抒情诗，已经使得她的名字成为整个拉丁美洲世界渴求理想的象征。"对于这样的评价，她当之无愧。

与米斯特拉尔交相辉映的是中国的一位了不起的女作家——冰心。从 1919 年在《晨报》上发表第一篇文章开始，冰心就始终以博大而细腻的爱心面对世界、面对读者，使无数人沉浸在她用纯真高尚的爱构筑的艺术天地中。虽然她本人已经离我们远去了，但是她的那些灵魂的结晶——诗歌散文，将永远照耀着我们，永远温暖着每一个渴望爱的心灵。

　　爱着，就有激情，就有生命的力量。一个人的生命之火，不管曾如何熊熊燃烧，最终都将熄灭。但生命中的爱与激情，因为光芒闪烁惠及他人而得以延续和光大。爱是不朽的！

第二章 自我的爱

爱自己的理由

"爱自己"虽然是老生常谈的一个话题，但真正、完全、理性地爱自己的人其实并不多，虽然我们知道这严重影响了我们原本应当更加灿烂的人生。要懂得人间有爱、世界有爱，首先得从爱自己开始，爱自己是一切爱的基础。是不是足够爱自己，你可以试着自问以下几个小问题：

（1）你喜欢自己的父母以及他们给你取的名字吗？

（2）你喜欢自己的才干或学历吗？

（3）你喜欢自己的气质、谈吐、微笑和习惯性的小动作及打喷嚏的声音吗？

在现实生活中，有许多人给出这样的答案："不""还好吧""已经这样了，能怎么办呢"等，这些答案不免使人感到悲哀：为什么我们总是只会"发现"，并且难以原谅自己的错误？

或许各人有各人"爱自己"的理由，但我们必须清楚，爱自己不等于自恋。它既是一种孩童般的天真无邪，又带有一种哲人般的知性豁达；既有小女人"喷香水的女人才有前途"的智慧，又有着"自己并没有那么重要"的襟怀和谦逊。总之，就是热爱自己与生俱来或亲手打造的一切，并努力发扬光大其中的长处。

"爱自己"也并不是一件容易的事，简单点，在一件细小的事情中可以体现，复杂点，要用一生的过程去打造。因为在这个世界上没有人是完美的。身为普通人，我们的缺点成箩成筐，如果较起真儿来我们干脆别活了。所以如今，只要我们尚拥有一颗热爱美好的心，并为此孜孜努力着，我们就应该认为自己是个可爱的人。

爱自己才能爱别人，爱自己才能爱这个世界。

爱，首先从自己开始，只有学会爱自己，才能学会爱他人、爱世界。

爱自己不是一种自私行为，我们这里所说的爱并不是虚荣、贪婪、傲慢、自命不凡，而是一种善待自己，对自己无条件接受的做法。如果你能够认识到自己是一个有自尊心的综合体，如果你能够注意养生，保持自己的身心健康，那你就已经学会爱自己了。如果你拥有了这种爱，那你也就可以把它奉献给别人了。

爱，非常像花散出的香气，无论有没有人去闻它，香气都是存在的。那些有爱的天性的人，无论走到哪里，都会辐射出爱。而且，他们把爱撒播给别人并不是通过压制自己的欲望、牺牲自己的需要来实现的。而是由于他们十分充实地享受生活，所以非常希望别人也能分享这种快乐。他们在友善地对待他人的过程中，发现自己能够获得一个愉悦的心情，这种愉悦正是他们的爱产生的源泉。因此，为了更好地爱自己，不妨做如下尝试：

在你比较轻松、事情比较少的日子里，专门空出一天时间。在这一天中，做你自己最要好的朋友，满怀感情地对待自己，为自己祝福，将自己泡在充满泡沫的浴缸中，放声歌唱。为自己做一顿最爱吃的饭菜，慢慢地享用。用一整天的时间来爱自己。

通过友善地对待自己，你会逐渐地觉得自己的状态开始好转，觉得生活是美好的，而且你还会对自己的身体和思想产生感激之情。如果你能够时不时地用爱来滋养自己，你就会很自然地爱别人。

因为不敢爱自己、不会爱自己、没有爱过自己、没有养成爱自己的习惯，结果在"爱他"的过程中产生了自卑，自信消失了，随之消失的还有志气、理想、信念、追求、憧憬、主见和创造的精神。

你即使是一个非常平凡的人，没有横溢的才华，没有非凡的本领，没有惊人的力量，没有超众的智慧，没有显赫的地位，没有巨额的财富，没有传奇的经历，没有丰富的经验……哪怕你一无所有，你仍然有理由珍爱自己。我们始终都在走一条路，一条属于自己的路；我们始终都在营造一处风景，一道涂抹着个性色彩的风景。路在延伸，风景依然亮丽，我们把朝霞走成了夕阳，把暖春走成了寒冬……我们为什么不能爱自己呢？

我们应该懂得，我们有足够的理由爱自己，一是只有自己才是属于自己的；二是只有热爱自己，才能热爱他人；三是只有热爱自己，才能出现和巩固这个不断延长爱的世界。

我们没有蓝天的深邃，但可以有白云的飘逸；我们没有大海的辽阔，但可以有小溪的清澈；我们没有太阳的光耀，但可以有星星的闪烁；我们没有苍鹰的高翔，但可以有小鸟的低飞。每个人都有自己的位置，每个人都能找到自己的位置，发出自己的声音，踏出自己的通途，做出自己的贡献，我们应该相信：正因为有了千千万万个"我"，世界才变得丰富多彩，生活才变得美好无比。

认认真真爱自己一回吧——这一回是一百年。

爱自己才能爱别人

心理学家伯纳德博士说:"不爱自己的人崇拜别人,会因为崇拜,使别人看起来更加伟大而自己则更加渺小。他们羡慕别人,这种羡慕出自内心的不安全感———种需要被填满的感觉。可是,这种人不会爱别人,因为爱别人就要肯定别人的存在与成长,他们自己都没有的东西,当然也不可能给予别人。"

不爱自己、自我评价差的人,就会选择让自己过着很不快乐的自虐生活。比如说,一个人对自己过于挑剔,就容易仇视、嫉妒比自己好的人。

凯伦有一位十分能干、上进的丈夫,但她自己每天都要在家里带孩子。她觉得丈夫正在为自己的前途而奋斗,而她则过着呆板、无趣的生活,因此就迁怒于丈夫,每天从早到晚都在批评这个她当初发誓要去爱、去珍惜的男人,左右都不如意。

凯伦对丈夫变得愈加吹毛求疵,其实这根本不关丈夫的事,而在于她的自我观念。正是由于不喜欢自己,就总觉得自己不如人,所以才一直挑丈夫的毛病。这种做法几乎将她的婚姻送入了坟墓。

几年后,孩子终于不再需要凯伦每天贴身照料了,于是她找了一份工作。但是,毕竟她不是一个十分能干的女强人,而且在家歇了较长一段时间,所以在工作中她的业绩平平。

凯伦感到自己是个失败者,对于自己无法跟别人一样成功而耿耿于怀;她嫌自己身体太胖、鼻子太大,还担心丈夫会看不起她。因为不喜欢自己，凯伦经常神经质，自惭形秽。她担心丈夫会移情别恋，因而变得易怒，每天对丈夫喋喋不休地挑剔、抱怨，无法丢开自己的问题而去真正关心丈夫。

久而久之，凯伦的态度令丈夫感到再也无法忍受下去了。他认为凯伦并不爱他，终于提出分手。一个原本不错的家庭，就这样分崩离析了。

埋葬凯伦幸福婚姻的真正"杀手"，其实不是别人，正是她自己。如果一个人不喜欢自己，就不会相信自己还能讨人喜欢；如果一个人不能欣赏自己，就会走进总是跟别人攀比的陷阱；如果一个人总是盯着自己的短处，就等于期望别人也只看他的短处，因此，下意识里总是等着被别人拒绝或是与人为敌。凯伦正是被这些情绪所包围、左右了。

其实，每个人都有缺点和短处，要想与人建立良好的人际关系，就必须首先接受并不完美的自己。谁都不可能十全十美，所以我们必须正视自己、接受自己、肯定自己、欣赏自己，对自己要有恰到好处的自尊自重。

哲人说："学会爱自己是人世间最伟大的一种爱。"只有当你停止对自己不利的批评，才能解放自我而去欣赏或赞美别人，也才能戒掉刻薄的批评，去除"你多我少，你好我坏"这类伤人伤己的念头。

不爱自己的人，就等于自讨苦吃，等于拒绝社会和他人。一个人如果不爱自己，当别人对他表示友善时，他会认为对方必定是有求于自己，或是对方一定也不怎么样才会想要和自己为伍。这种人会不断地批评自己，从而使别人感到他有问题而尽量避开他；这种人害怕别人越了解自己就会越不喜欢自己，所以在别人还没有拒绝之前，其潜意识里就会先破坏别人对自己的好感。总之，不爱自己会导致各种问题的发生。当一个人觉得自己很差劲时，周围的人也会跟着遭殃。

因此，在开始爱别人之前，必须先爱自己；想要拥有和谐、美好的人际关系，就必须先做自己最好的朋友。世界就像一面镜子，人与人之间的问题大多是我们与自己之间问题的折射。因此，我们不需要去努力改变别人，只要适度改变自己的思想和想法，人际关系就会自动转好。

从某种意义上说，个人的快乐与否完全系于对自己的感觉，人际关系的和谐与否也决定于个人能否接受自我。自我评价高的人，绝不会甘愿受苦，也不会主动与人为敌。但可惜的是，还是有人选择自我贬低。要想改变这种心态，以下几条建议是非常可取的：

（1）避免与他人做比较，为自己做主，警惕"人比人气死人"的陷阱。

（2）从实际出发，给自己设定有意义、可行的人生目标。

（3）对自己更友善，可以经常自我反省，但不要总是自我批评。

（4）记下每一件自己所做的好事，不要低估自己的贡献，给自己打打气。

当然，真正的爱自己就是自我接受，包括同时接纳自己的优点与缺点、长处与短处，并对自己给予适度的自尊自重。也就是说，爱自己并不等于向全世界夸耀自己，也不表示要目中无人。其实，爱自己只是一种收敛的自信、自我欣赏，加上适度的幽默感，而内心则保持沉稳和平静。

第三章　朋友的爱

友爱的定义

友爱是一笔你一生最值得珍藏的财富。因为友爱是那种在你快乐的时候可以与你共享快乐，在你痛苦的时候可以分担你的痛苦的人，对你的帮助和给予。当你取得了巨大的成绩，他像你一样沉浸在幸福之中；当你遭遇困境厄运，他同你一样悲痛忧伤。不论遇到什么事情，你会时刻感觉到在这个社会上你不是一个人孤立无助地生活，你时刻都在另一双眼睛的视野里，你时刻都在另一颗心灵的关怀中。

有人总是有很多朋友，我们常常看到这样的人，不论遇到什么事情，他的周围总会站着很多朋友。但也有这样的人，我们在任何时候都会发现，他就像一个套中人，在他的身上总是有一层厚厚的隔膜，人们总是避而远之。这种人不要说肝胆相照的知己朋友了，就是一般的朋友也没有。人们都羡慕前者，都为后者的孤独而感到可怜。为什么有人能够生活在朋友的关怀和温暖之中，而有的人不行？

原因很简单，你自己以真诚待人，必定换来真诚；你自己对人毫无私心，别人对你也不会斤斤计较；你自己宽以待人，虚怀若谷，能够容人容物，同样你也会因此赢得朋友的宽容和谅解。

相反，一个人没有友爱的最重要的原因就是，他自己对朋友缺乏真诚。当朋友取得了成就的时候，他不是发自内心地祝贺，而是心生嫉妒；当朋友遇到困难的时候，他不是热心相助，而是袖手旁观；当朋友向他倾吐心声的时候，他不是敞开心扉，而是遮遮掩掩。假如是这样，他永远都不会有真正的朋友。

在交朋友时，还有一点也很重要，就是要能够接纳朋友的弱点。中国有句古话：水至清则无鱼，人至察则无徒。这对于交友来说尤为重要。任何一个人都有优点，也都有缺点。当朋友做了错事的时候，你感觉无法容忍，认为自己看错了人，或者是上当受骗，那你也就不会拥有朋友了。

在生活当中，重要的是要常做"赠人玫瑰，手有余香"的事情，这包括朋友有难时的慷慨解囊、朋友困惑时的心灵帮助、朋友快乐时的共同分享。你把你的心灵交给了朋友，朋友回赠你的，同样是玫瑰的芬芳。

友爱超越生命

真正的友情是我们最宝贵的财富，为了友情，我们甚至可以放弃生命。

在越南有这样一个故事：

几发炮弹突然落在小村庄的一所由传教士创办的孤儿院里。传教士和两名儿童当场被炸死，还有几名儿童受伤，其中有一个小姑娘，大约 8 岁。

村里人立刻向附近的小镇请求紧急医护救援，这个小镇和美军有通信联系。终于，美国海军的一名医生和护士带着救护用品赶到了。经过查看，这个小姑娘的伤最严重，如果不立刻抢救，她就会因为休克和流血过多而死。

输血迫在眉睫，但得有一个与她血型相同的献血者。经过验血表明，两名美国人的血型不符，几名未受伤的孤儿匹配成功。

医生用掺和着英语的越南语，护士讲着仅相当于高中水平的法语，加上他们临时编出来的大量手势，竭力想让他们幼小而惊恐的听众知道，如果他们不能补足这个小姑娘失去的血，她一定会死去。

他们询问是否有人愿意献血，一阵沉默做了回答，每个人都睁大了眼睛迷惑地望着他们。过了一会儿，一只小手缓慢而颤抖地举了起来，但忽然又放下了，然后又一次举起来。

"噢，谢谢你。"护士用法语说，"你叫什么名字？"

"恒。"小男孩很快躺在草垫上。他的胳膊被酒精擦拭以后，一根针扎进他的血管。

输血过程中，恒一动不动，一句话也不说。

过了一会儿，他忽然抽泣了一下，全身颤抖，并迅速用一只手捂住了脸。

"疼吗，恒？"医生问道。恒摇摇头，但一会儿，他又开始呜咽，并再一次试图用手掩盖他的痛苦。医生问他是否针刺痛了他，他又摇了摇头。

医疗队觉得有点不对头。就在此刻，一名越南护士赶来援助。她看见小男孩痛苦的样子，用极快的越语向他询问，听完他的回答，护士用轻柔的声音安慰他。顷刻之后，他停止了哭泣，用疑惑的目光看着那位越南护士。护士向他点点头，一种消除了顾虑与痛苦的释然表情立刻浮现在他的脸上。

越南护士轻声对两位美国人说："他误会了你们的意思，以为自己就要死了。他认为你们让他把所有的鲜血都给那个小姑娘，以便让她活下来。"

"但是他为什么愿意这样做呢？"美国护士问。

这个越南护士转身问这个小男孩："你为什么愿意这样做呢？"

小男孩只回答："因为她是我的朋友。"

这个越南小男孩为了救他的朋友，甘愿献出他自己的生命，由此我们可以看出：有些时候，友爱是可以超越生命的。

第四章　父母的爱

大爱父母心

父爱母爱即是父母之爱，这是世界上最伟大的爱，我们应如何理解这种伟大的爱呢？

作为父亲母亲，爱孩子不同于爱妻子，不同于爱丈夫，也不同于爱双亲、爱兄弟姐妹。这种爱的滋味是从那些爱中尝不到的。它是一种混合体，其中有同情和怜爱，有幸福和美好，有快乐和悲伤，有放心和挂虑，有自私和袒护，有恐惧和期盼。所有这些混合起来而形成了一种特殊的味道，但主味仍是同情和怜爱。

有一位阿拉伯诗人说过："我们的孩子只是行走在天地间的我们的心肝。"也许你熟悉这句话，但即使你读过一千次，也未必能读出父母所读出的感受。是的，孩子是父母的心肝，一旦他们不在，父母就会立即感到空寂失落，胸中仿佛失去最宝贵的东西。

如果你听说世界上最伟大的人物出现在他们孩子的游乐场上，而且毫无应有的庄重和威严，甚至比那些孩子还要顽皮和淘气，这时你应明白，他们绝非仅为孩子高兴而强作欢颜。他们大多是从孩子身上发现了自我，感到自己年轻了，像年轻人一样嬉戏打闹，他们得到了最大的享受，感到无比快活。你如果听说世界上最伟大的人物给自己孩子当坐骑，让他们骑在背上而不觉得有伤大雅、有失身份，这时他们已无力将自己的心肝装回胸腔，至于是放在胸脯上还是后背上，则是完全一样的。

你可能见过父母将糖果喂给孩子而自己不吃，你千万不要以为这仅是喂孩子吃糖，其实，他们认为这样比自己亲口吃更甜，所谓"吃在孩子嘴里，甜在父母心上"。

你见过烈日下一个口干舌燥、嗓子冒烟的人扑向清泉的情景吧，他恨不能将泉水汲干以消解喉咙的焦灼。然而他无法与父母亲吻孩子时的感觉相提并论，父母吻孩子的感觉会更急切更甜蜜，而他有饮足之时，父母无吻够之日。如果说饮水可以滋润身体，那么吻儿女则可慰藉心灵，而二者在情感的天平上又是无法相比的。

父母见幼子在牙牙学语，在说，在笑，顿时一股暖流传遍全身，再甜美的歌喉、再高明的琴师都不能令父母如此陶醉，仿佛久旱逢甘雨。

世界上最提心吊胆、惊慌失措的人，莫过于见其子遇险或走近险境者，他将猛扑过去，为救孩子而不顾一切，甚至同归于尽或牺牲自己。

一旦孩子处于伤病或危难之中时，做父母的就会在怜悯与痛苦、慈爱与恐惧、同情与忧虑间挣扎。他们祈求上苍，把灾难降临在他们头上，他们愿义无反顾地代孩子去面对。

是否每个孩子都得到父母同等的爱，是否在父母心目中他们处于同等地位，他们会不会因为大小或男女而有所区别？

应当明了，你从苹果、梨子、葡萄、无花果等各色水果中都能得到甘甜，但每种水果的甜又有其细微的差别。

事实上，如果人有更灵敏的感觉、更细腻的情感，能深入心底去了解这种差别的真谛，他会看到爱的质相同、核统一，只是每个孩子的年龄、条件、性别赋予爱不同的形式和色彩。

我们说过，爱是多种情愫的混合体，其中最突出的是同情与怜爱。躺在摇篮里的婴儿，对他几乎只能是同情与怜爱。稍长，当他嘴里能蹦出几个字时，除这两种感情外，父母还会去亲近他、逗他。再长，他能跑能跳、学说话时，父母会更愿意亲近他、逗他，父母还将感到他成了自己消愁解闷的重要对象，甚至离不开他，缺不了他。等他长到上学受教育的年龄，除了上述感情外，父母将偏重于培养他成为一个听话、自重、有礼貌的人，并将有步骤地向他灌输如何成为一个事业有成的人。随着他的年龄越大，这种期盼的感情越深，以至于淹没了其他感情。如果他出门在外或生病卧床或遭遇不测，同情与怜爱又突显出来，因为这时他最需要的就是这两种感情。

有人问某某：你最爱你的哪个孩子？某某答道：我最爱他们中年龄最小的，直到他长大；最爱他们中出门在外的，直到他回家；最爱他们中生病卧床的，直到他痊愈。

父母对孩子的爱是否会因其美与丑、伶俐与愚笨、礼貌与粗鲁、勤快与懒惰、成功与失意而有所不同呢？有这样一个故事：

有人问厄阿拉比，你爱某姑娘到何种程度？厄阿拉比答：对天起誓，她家墙头的月亮比邻家的圆。

你也许会说，这个厄阿拉比真会撒谎，他情人家墙头上的月亮明明和她邻家的月亮一模一样嘛。你也许认为他说得再诚实不过了，他看见她家墙头上的月亮就是比邻家的又大又圆嘛。对孩子也一样。父母看到的全是他们身上的优点，或者说，至少父母几乎看不到他们的缺点，不论是性格上的，还是心理上的。在父母眼里，他们自己的孩子就是最好的孩子。

同样，你会发现，做父母的对待自己孩子不会像对待别人孩子那样去评头论足，他们评价别人孩子是审慎理智的，而对自己的孩子则感情用事，不带丝毫思考与冷静。

诚然，某个孩子可能有明显的品德缺陷，某个孩子可能身患残疾而严重影响生计，某个孩子可能道德败坏，误入歧途甚至做了天理不容之事，等等。虽然，这肯定使父母忧心忡忡、寝食不安、怒火中烧、大发脾气。但这些非但不会损伤父母对孩子的爱怜与袒护，恰恰相反，倒证明父母的爱怜与袒护。父母忧心如焚恰恰是出自对孩子的怜悯与同情，可怜他们没有而且不会成为最幸福的人。

当然，有些父母也许有过这样的想法：他们很爱孩子，但又希望他们不曾生下来。父母希望孩子不曾来到这个世界，是因为怕他们经不起七灾八难的折磨，这种希望恰恰是他们对孩子至深的爱。这就是父母之爱，世界上最伟大的爱，对于这种爱的理解，谁可以最清楚最准确地描述出来？只有孩子长大为人父或为人母，才能真正品味做父母的滋味吧。

第十一卷
思 考 的 人

"当一个人进行思考时，他就因此而存在。"

——［英］詹姆斯·艾伦

第一章　思考决定性格

性格决定成败

成功是每个人从事任何一项活动乃至整个人生，所希望达到的境地，成功地完成一件事、成功地度过人生是每个人的愿望。

成功地做事、成功地度过人生固然跟我们付出的努力有重大关系，但很多时候，我们付出了巨大的努力，估计也应该成功，但事实上我们并没有成功。其中的原因可能有很多：会有客观的原因，诸如遇到了困难；也会有主观的原因，比如我们的性格。

对任何人而言，做任何事情都与性格有关，是性格决定着我们对事对人的态度，是性格决定着我们为人处世的方向，是性格决定着我们是否能争取到新的机会等，以至于有人认为"性格就是命运"。性格何以对成功如此重要呢？这是因为它和德、识、才、学等因素一样，是构成一个人内在因素的重要组成部分。一般来说，"德"反映着一个人的思想品质和道德风貌，决定着个人的发展方向；"识"反映着个人判断事物、分析事物的准确性和深刻程度；"才"反映着个人在能力素质上的强弱程度；"学"反映着一个人知识的广度和深度；而"性格"则反映着个人的胸襟、度量、意志、脾气和性情，影响着个人的精神状态，决定着个人的行为特征。这五方面的因素，共同组成一个人的内在素质。而任何人对自己行为的指导和支配，都是由其整个内在素质共同起作用的，其中任何一方面的缺陷都会削弱整个内在素质。

现代许多科学家认为，只要充分发挥每个人自身的才能潜力，大部分人都有可能成为科学家和发明家。然而事实上，能够有所发现、有所发明、有所创造的人太少了。造成人们才能埋没，有多方面的原因，而不良性格就是其中的一项。

一个人要把自己的才能充分发挥出来，必须具备一定的优良性格。人们对有创造能力的科学家的研究发现，这些人都具有不同常人的性格特征，这些性格特征表现为：

（1）具有恒心、韧劲和能力的持续性。他们都能长期从事极为艰苦的工作，甚至在看来希望渺茫的情况下，仍然能坚持到底。

（2）儿童时代就具有顽强追求知识的欲望。他们幼小时常常对难以想象的新奇东西着迷。不管要挨多么严厉的训斥，但受好奇心的驱使，都想去试试。

（3）具有鲜明的自立、自主的独立倾向和独创性格。留心周围的事物和见解，但不轻易相信，凡事有主见，不以别人指示的方法作为自己工作的准则。

（4）有雄心，肯努力，不甘虚度一生，想为世间留下卓著的业绩。

（5）充满自信。敢于坚持自己的意见，同时和他人开展热烈的争论，而且在争论中常常居于主导地位。

（6）精力充沛，干劲大，工作中始终充满着力量。

凡是在科学上有所成就，智力、才能得到充分发挥的人，都有一定的性格方面的条件。优良的性格是保证我们的智力、才能得到充分发挥的必不可少的条件。如果忽视性格修养，让许多不良性格支配着自己，即使有较高的智力和才能，也会被不良性格所压抑而发挥不出来。在日常生活中，在我们的周围，因性格的缺陷而导致才能被压抑的人和事，相当普遍地存在。

没有雄心抱负、甘愿随波逐流、追求现实的安乐和享受，是压抑智力、才能的性格特征的一部分原因。许多人未能获得成功，往往并不是不能干，而是不想干。他们思想懒惰，追求舒适，宁愿在安闲中过日子，也不愿做长期的艰苦的努力。这样，他们的智力、才能就被懒惰这把锈锁锁住了，天赋再高，智力再好，也因得不到充分发掘而被白白浪费掉。

严重的自卑感也是压抑智力、才能的性格特征的原因。有的人本来在某些方面很有发展潜力，但由于不相信自己，瞧不起自己，因而认识不了自己的才能潜力，即使露出了具有真知灼见的思想萌芽，也因为自我怀疑而遭到自我否定。一个对自己的能力缺乏自信的人，永远不会提出大胆的设想和独到的见解。

依赖和顺从、易受暗示、容易接受现成结论也会形成压抑智力、才能的性格特征。有的人天赋智力素质不错，如果把自己的思想机器充分开动起来，独立思考，就可以提出许多独到见解，但由于性格易受暗示，容易顺从，有了现成的观点和结论，就全盘接受，不愿再去动脑筋想，使自己的思想机器很少有充分开动的时候，当然也就提不出多少独到见解。

缺乏毅力、意志薄弱，也是压抑智力、才能的一种不良性格。有的人在从事某项研究之初，曾表现出很大的热情和才华，但若遇到十几次、几十次的挫折和失败，便心灰意冷，不想再干了，结果也造成了自己智慧和才能的埋没。

其他如兴趣容易转移、注意力不能长久地集中于一个目标或虚荣心强、目光短浅，总想在细小事情上胜过别人而忽视对事业的追求等，也都是压抑智力、才能的不良性格特征。显然，不认真进行性格修养，克服上述妨碍聪明才智充分发挥的不良性格，就会增加成功的阻力和困难，使自己难以成为出色的人才。

思考塑造了我们的性格

詹姆斯·艾伦曾说过："当一个人进行思考时，他就因此而存在。"这句话不仅指出人存在的全部意义，也指出人在生活中所面临的环境和条件。毫不夸张地说，人应该是在思考中挺立起来的。人的性格其实就是他思维的集合体。

如同植物从种子里萌芽一般，人的行为也都是发自内心的。行为的出现和思维是难以分开的。不仅是那些精心策划实施的行为，就连那些无意识或自发性的行为，也是和思维分不开的。

如果说思考像一棵树的话，那么行为就是它的花，而欢乐和痛苦就是它的果实。人们所收获的果实都是他们自己培植的，有的甘甜，有的苦涩。

思考塑造了我们。我们的存在是建立在思考的基础上的。假如一个人心存不善，那么痛苦就会伴随着他，就如同车子下面的轮子。假如一个人的思想纯洁高尚，那么他必将与欢乐共存。

在思维的世界中，因与果是并存的，有因就有果，如同我们所看见的一样：高贵的品质应该是长期坚持神圣思考的产物，而不是上帝的恩赐或偶然的机遇；同样的道理，卑鄙下流的性格也是类似行为的产物，是长期进行卑鄙思考的最终结果。人类所有的发明和毁灭都是自己完成的。人们能在自己思维的兵工厂里创造毁灭自己的武器，也能创造为自己带来快乐和幸福的武器。通过诚实的思考，人们能做出正确的选择，从而走向完美和神圣，而不正确的思考往往会给人带来没有理性的行动。还有更多的不同性格在这两个极端之间，而人正是这些性格的主人和缔造者。

对一个拥有爱和理性的生命来说，他是自己思想的主人，他完全有权利决定自己该进入哪种境遇。人类本身就具备创造和改变的力量，因此，他有能力使自己成为自己想要的形象。

人类永远都是自己的主人，无论是在孤立无援或虚弱不堪的时候，他们都能主宰自己。事实上，当一个人处于堕落和颓废的时候，他就相当于一个对家庭不负责任的愚蠢的主人。当他开始醒悟并浪子回头的时候，他就会着手去寻找生命的意义，成为机智聪明的人，并且会理智地思考，引导自己为充满希望的事业而奋斗，这时他就成了清醒的主人。要想做到这一切，你必须找到自己思想的规律，而发现思想规律的基础是必须去不断地实践探索，对经历的事情进行分析。

人们只有通过不懈的努力，才有希望发现钻石和金子。同样的道理，人们也只有肯对自己的内心深处进行挖掘，才有希望找到与自己的生命有关的真理。他会意识到他就是自己性格的主宰，是自己生活的主宰，是自己命运的主宰。要证明这一点很简单，只要有意识地对自己的思想进行观察、控制和改造，同时仔细分析自己的思想对自己和他人生活环境的影响，然后再耐心地把实践与分析结果联系起来，去印证生活中的每一件小事，哪怕是一些经常发生的琐事，就可以不断地获得知识。通过这种途径学到的知识是理解、智慧和权利。人们经常说："大门只会对那些勇敢叩门的人敞开，只有努力探索的人才能找到真理。"实践告诉我们，只有通过坚持不懈的努力，才能叩开幸福的大门。

第二章 思考影响健康

健康是生命之源

健康是生命的基座。失去了健康，生命会变得黑暗与悲惨；失去健康会使你对一切都失去兴趣与热忱。能够有一个健康的身体、一种健全的精神，并且能在两者之间保持美满的平衡，这就是人生最大的幸福。

在现实生活中，一些有作为、有知识、有天赋的人往往被不良的健康状况所羁绊，以至于终身壮志难酬。许多人都过着一种不快乐的生活，因为他们意识到，在事业上，他们只能拿出一小部分的真实力量，而大部分的力量因为身体不佳而力不从心。由此，他们对于自己、对于世界就产生了消极思想。世上最大的遗憾，莫过于理想不能实现。他们感觉自己有很大的精神能力，但是没有充足的体力作为后盾。胸中虽有凌云壮志，却没有充足的力量去实现，这是人世间最悲惨的一件事情。

许多人饱尝着"壮志未酬"的痛苦，就因为他们不懂得要常常维持身心的健康。保持身心健康，是事业成功的保障，是保障工作效率的重要前提。一个整天埋头于工作，而生活中毫无娱乐的人，往往会在事业上趋于衰落，因为他缺乏各种不同的精神刺激和养料。一个只专注于工作而很少休息，没有娱乐，甚至在大脑中毫无休息与娱乐细胞的人，他的动作一定不会像一个有休息、娱乐头脑的人那样自然，那样有力。不时地变换工作环境，无论是对于劳心者或劳力者，都是十分有益的。我们经常看到很多人未老先衰，他们对于生活老早就觉得枯燥乏味，就因为他们娱乐太少。"单调"是生活最大的摧残者。

凡是成就大事业的人，往往不是那些整日整年埋头苦干的人。有这样一位大公司的经理：他每天在办公室中至多只逗留两三个小时，他经常外出旅行、休息，以"更新"他的身心。他充分意识到，只有经常保持身心的清新、健康，才能在事业上达到最高的效率。他不愿像许多人一样，在过度的工作中摧残自己的身心，拖垮自己的力量。因为这样，他在事业上取得了成功。他不在办公室则已，只要一进办公室，就立刻能生龙活虎地处理事务。由于他身心健康，所以办事十分敏捷而有力。他在三个小时内工作的成绩，要超过别人八九个小时，甚至夜以继日工作的结果。

"只工作而不娱乐，使得杰克成为一个笨孩子。"这句话最为确切地表达了工作与娱乐的关系。人们有着强烈的娱乐本能，这是事实。这句话也表明：娱乐一事，应该在我们的生活中占有相当重要的位置。现在许多雇主都习惯于强迫雇员花过多的时间在工作上，这表明他们还不懂得娱乐可以使人的身心趋于健全、可以提高工作效率的道理。

许多人似乎以为，我们可以破坏健康法则，可以在一天内做两三天的工作，在一次宴会上吃两三天的食品。我们可以用各种方式糟蹋我们的身心健康，然后请教医师，光顾药房，以作补救。由此，多数人的生活都循环于糟蹋身体、医治身体上了。其结果是身体呈现胃口不好、精力不济、神经衰弱等症状。

不佳的身体、衰弱的精神，真不知造成了天下多少悲剧，破坏了天下多少家庭。身体和精神是息息相关的。一个有一分天才的身强体壮者所取得的成就，可以超过一个有十分天才的体弱多病者所取得的成就。我们需要有一个健康而强壮的身体。这是可以做到的，只要我们能够过一种有节制、有秩序的生活。只要我们能控制自己的思想，使其向积极的方向发展。

健康服从于思想的指引

身体是思想的奴仆，它服从于思想的指引，无论想法是特意选择还是自动表现的。如果一个人有罪恶思想的压力，他的身体就会迅速地堕落至疾病与腐朽。如果一个人有愉快、美好思想的指挥，就会受到青春与美丽的祝福。

疾病与健康像环境一样，深深地根植于我们的思想之中。有缺陷的思想会通过有疾病的躯体表现出来。众所周知，恐怖的想法杀死一个人的速度不亚于一颗子弹。事实上，这些想法也一直不停地消磨着成千上万人的生命。那些生活在对疾病的恐惧中的人，是心理上有疾病的人。焦虑会迅速地侵蚀身体的锐气，从而使身体无法抵御疾病的入侵。不纯洁的思想会很快地破坏人的神经系统，即使这些想法并未变成实际行动。

坚强、纯洁和快乐的思想会使身体充满活力与魅力。身体是一种精致可塑的器具，它会非常迅速地对思想做出反应。已成习惯的思想会对身体产生一定影响，可能是好的，也可能是坏的。坚强、纯洁与快乐的思想，还会把活力与优雅注入身体。我们的身体是一架结构精巧、反应灵敏的仪器，对心里产生的欲望能够迅速做出反应，而这欲望将会影响到身体。好的思想产生好的影响，坏的思想自然会伤害身体。

只要心里存在杂念，人们血管里就会流淌污秽的、有毒的血液。健康的生活和强健的身体来自纯净的心灵；龌龊的生活与身体则源于不洁的思想。所以，思想是人们言行、外表，乃至整个人生的源头。源头纯净，那么它产生的一切也会是纯净的。

思想的纯洁可以使人养成洁净的习惯，而能够经常净化自己思想的人根本不会受疾病的侵害。如果想让身体健康起来，就应该美化和纯净自己的思想。心中的怨恨、嫉妒、失望、沮丧，会使你的健康遭到损害，你的快乐将会消失。愁苦的面容并不是偶然出现的，而是思想焦躁忧虑导致的。满脸的皱纹都是因怨恨、暴怒与自大而生出的。

就如同只有当自由的空气和灿烂的阳光充满在你的房间里时，你才拥有一个甜蜜、舒爽的家一样，只有心灵中充满欢愉、美好和宁静的思想，才会让你拥有强健的体魄和明朗、快乐的笑容。有的人脸上表现出坚定的信念，有的人脸上则写满怒气……谁都能看出这些皱纹的差别。那些光明磊落的人，光阴宁静而平和地在他们身上流逝，岁月在自然而然中成熟老去，如同一轮西斜的落日。

在驱除身体病痛方面，愉悦的思想能达到一个好医生能够提供的效果；在赶走悲哀与伤心的阴影方面，良好的祝愿和真实的幸福能起到最好的安抚效果。长期处于邪恶、愤世嫉俗、怀疑与妒忌的思想环境里的，就好比把自己禁锢在自己建立的牢笼里。如果能够快乐地面对人生，凡事往好的方面想，用积极愉快的态度对待一切，耐心地去发现别人的优点，这些无私的想法会帮你打开通向幸福的大门。心中怀着平和的思想看待一切事物，将会为你带来永恒的安宁。

　　要谨记：我们的健康是服从我们思想指引的。明白了这一道理，相信你就能够明白使自己时刻保持积极思想的重要性。

第三章　成功源于思考

成功思想的锤炼

　　成功者不允许别人任意否定或侮辱自己，也从不无故贬低自己。成功者在任何场合都期望有一个良好的气氛。他同在场的每一个人握手问好，向他们说积极向上的话语。问候别人之后，他可能谈起他取得的某项成绩，或把自己想到的一个鼓舞人心的想法及正在进行的某个新项目提出来，征求大家的意见。成功者不掩盖事实，乐意把自己的成就介绍给他人，并引以为豪。那么，如何才能具有像成功者一般的思想呢？

　　（1）以成功者的姿态自居。对自身能力抱有信心的人比缺乏这种信心的人更有可能获得成功，尽管后者很可能比前者更有能力、更加勤奋。重要的是要坚信自己必定会获得成功。

　　即使在尚未达到目标之前，也应以成功者的姿态出现。如果你认为自己有朝一日获得成功后，会让太太戴镶有钻石的耳环或金手镯，那么从今天起你就设法让她戴上这些象征成功的东西。它们会使你此时此刻就感觉成功，也会使你在别人面前显得是个成功者。事实上，这是一种增强自信心的方式。

　　（2）做白日梦想象成功。花点时间想象一下，如果你登上事业高峰，生活将是什么样子。不妨做点白日梦，想象你坐在总经理办公室里的情景，想象随之而来的巨额报酬和发号施令的权力。

然后，回头再想想，在通向总经理办公室的道路上，你经历过的每一个阶段，所有你已经达到并超越的前期目标。在白日梦里，想象自己达到某种近期目标，会有助于你保持心情舒畅，有助于你在每个阶段都充满信心——强有力的自信心。

还有一种同样有效的做白日梦的方法，被称为"形象化设想"。这种方法很简单，每天只花 20 分钟时间做一做，就能有所裨益。

第一步，想象自己是一个成功者。比如，想象自己坐在豪华的办公室或会议室里，正在对手下的一批管理人员训话。他们专心致志，聆听着你的每一句话。

第二步，闭上眼睛，全身放松，尽可能地在脑子里构想上述情景，使你的成功者形象进一步具体化或者说视觉化。这样持续 10 分钟，眼睛要始终闭着。如果我们走神，图像就会消失。但即使这样也没关系，只要图像能再次出现就行了。图像中的某些细节可能会发生变化，这意味着你的主司直觉的右半脑正在修正想象中的成功形象，使其更为真实。

经过一星期左右的"形象化设想"练习，你会发现自己的某些态度或行为已开始发生变化，可能是变得比较果断、比较轻松或比较热情了。不管怎么说，这种变化表明你的直觉正在引导你慢慢地接近你想象中渴望的成功。

（3）贮存积极思想于大脑。每个人都会遇到许多不愉快、令人尴尬、使人泄气的事情。但成功者与失败者会以两种截然不同的态度来处理同一事件。失败者常把这些不愉快的事深深地埋在心底，他们不停地想着这些事，怎么也摆脱不了这些事的纠缠，到了夜晚，他们更是为这些事烦恼。自信的成功者则完全采取另一种方法，他们会强迫自己："我再也不要想它了。"成功者善于只把积极的想法存入大脑。

存在大脑中的消极、不愉快的思想，会使你感到忧虑、沮丧和情绪低落。它使你停滞不前，眼睁睁看着别人奋勇前进。因此，应该拒绝回忆不愉快的情形和事件。你应该这样做：当你一个人的时候，回忆愉快、积极的经历。把好消息全部存入你的大脑，这样做将提高你的自信心，给你良好的自我感觉，也将帮助你的身体良性运转。

这里有一个使你的大脑产生积极作用的极好办法。每天睡觉前，你把自己的积极思想储存在大脑里，数数幸运的事，想想许多你觉得愉快的事——你的妻子、你的孩子、你的朋友、你良好的健康状况，回忆你取得的哪怕是小小的成功与胜利，把所有使你愉快的事都回忆一遍。

如果你能够持之以恒，相信总有一天，这些积极、愉快、成功的思想终会在你的大脑里生根、发芽。

反思使你步入成功之旅

在这个世界上，每一个人都会犯错误，可怕的并不是犯错误，而是犯同样的错误。善于反思的人不会使自己总犯相同的错误。

如果你犯了错误的话，就必须找出犯这样的错误的原因，这便需要你反思。如果你能找到问题的根源，就能够真正改善你目前生活的质量，从而大大提高成功的概率。

你应该常常分析，自己做错的最大的一件事是什么，当你明晰地研究出这个原因的时候，就应该马上采取改进措施。不管你多么成功，你一定要不断地问自己，这一次为什么会成功，成功最大的原因是什么，牢记此次经验并加以重复运用。

　　本杰明·富兰克林是美国历史上最能干、最杰出的外交官之一。当富兰克林还是毛躁的年轻人时，一位老朋友把他叫到一旁，对他严厉地说："你真是无可救药，你已经打击了每一位和你意见不同的人。你的意见变得太尖刻了，使得没人承受得住。你的朋友发觉，如果你不在场，他们会自在得多。你知道得太多了，没有人能再教你什么。"这位朋友指出了富兰克林的刻薄、难以容人的个性。而后，富兰克林渐渐地改正了他的这一缺点，变得成熟、明智。他领会到即将面临社交失败的后果，所以一改以前傲慢、粗野的习性。后来，富兰克林说："我立下条规矩，绝不正面反对别人的意见，也不准自己太武断。我甚至不准自己在语言上措辞太自主。我不说'当然''无疑'等，而改用'我想''我觉得'或'我想象'一件事该这样或那样。"这种方式使他渐渐成为事业的强者。

　　很多人只能集中精神一天、两天，或者是一个星期、一个月、一年、两年，成功者却能一辈子集中精神，全力以赴。这即是成功者与一般人的差别，他的注意力集中、专注于某事的态度同别人不一样，对目标的信心、决心、毅力和坚持到底的精神和别人不一样。通过对成功者的研究，你会发现，他们都有这样一个特质——他们都能不断地分析自己做对的事情以及做错的事情，并且不断地改进。

　　如果你是对的，就要试着温和、巧妙地让对方接受你，如果你是错的，就要迅速而真诚地承认，这种态度远比争执有益得多。一个有勇气承认自己错误的人，可以获得比别人更多的尊重。

　　艾柏·赫巴是著名的作家，他的文学风格是很独特的。他经常用尖酸的笔触来抨击那些他不满的人，这种做法经常闹得满城风雨。艾柏·赫巴也有犯错误的时候，但最为可贵的是他善于处理这种事，即勇于承认自己的错误，这经常使他的敌人变成他的朋友。例如，当一些愤怒的读者写信给他，表示对他某些文章不以为然，结尾又痛骂他一顿时，赫巴便如此回复："回想起来，我也不完全同意自己。我昨天所写的东西，今天就不见得满意，我很高兴地知道你对这件事的看法。如果我真的有些地方出错的话，请你下次光临我处，我们可以互相交换意见，互致诚意。赫巴呈上。"赫巴用这样一种方式，避免了不少争斗，而且往往使那些激愤者成为要好的朋友，使一时的争斗变成了永久的友谊。

如果你能够及时发现你的错误，并及时总结经验，避免下次再犯同样错误的话，下一个成功的人一定是你。